智慧熊
SMART BEAR

阅读强 | 少年强 | 中国强

专家审定委员会

励志版丛书的六个关键词

温儒敏老师曾指出："少读书、不读书就是当下'语文病'的主要症状，同时又是语文教学效果始终低下的病根。"基于这一现状，励志版丛书在激发中小学生读书兴趣、培养其良好的阅读习惯的同时，旨在通过对经典名著的价值解读，培养学生一生受用的品质。

第一个关键词：权威版本——阅读专家主编、审定的口碑版本
励志版丛书由朱永新老师主编，另有十余个省市自治区的教研员组成的专家审定委员会，对该丛书进行整体审定。采用口碑版本，权威作者、译者、编者，确保每本书的经典性和耐读性。

第二个关键词：兴趣培养——激发阅读兴趣的无障碍阅读
励志版丛书根据权威工具书对书中较难理解的字词、典故及其他知识进行了无障碍注解。此外，全品系的精美插图，配以言简意赅的文字，达到"图说名著"的生动效果，使学生由此爱上阅读。

第三个关键词：高效阅读——名师指导如何阅读经典
励志版丛书的每一本名著都由一位名师进行专门解读，同时就"这本书""这类书"该怎么读提供具体的阅读策略和方法指导。让读书有章可循，有"法"可依。让学生通过精读、略读、猜读、跳读等多种阅读方法，快速完成优质高效的阅读，会读书、读透书。

第四个关键词：阅读监测——国际先进的阅读理念
读一本书的过程就是让这本书与自己的生命发生关系的过程。当我们开始阅读一本书时，就是与这本书、与自己，达成某种隐形的"契约"。为此，我们在书里特别设计了阅读监测栏目，让学生实现自我鞭策和监督。

第五个关键词：价值阅读——品格涵养价值人生
通过有价值的阅读培养学生诚信、坚忍、专注、勇敢、担当、善良等一生受用的品质，契合教育部最新倡导的"读书养性"的理念。

第六个关键词：经典书目——涵盖适合学生阅读的三大书系
涵盖适合学生阅读的三大书系——新课标、部编教材、中小学生阅读指导书目，充分体现了"每一本名著都是最好的教科书"的理念。

简言之，我们殚精竭虑，注重每一个细节。因为，一个人物，拥有一段经历；一段故事，反映一个道理；一本好书，可以励志一生。让名著发挥它人生成长导师的基本功能吧！

励志版丛书编委会

中小学生
阅读指导丛书
彩插励志版

朱永新◎总主编　闻　钟◎总策划

森林报·秋

〔苏联〕维·比安基◎著　沈念驹　姚锦镕◎译

商务印书馆
The Commercial Press

图书在版编目（CIP）数据

森林报. 秋 /（苏）维·比安基著；沈念驹，姚锦
镕译. —北京：商务印书馆，2021
（中小学生阅读指导丛书：彩插励志版）
ISBN 978‑7‑100‑19350‑4

Ⅰ.①森…　Ⅱ.①维…　②沈…　③姚…　Ⅲ.①森林—
青少年读物　Ⅳ.① S7‑49

中国版本图书馆 CIP 数据核字（2021）第 005975 号

森林报·秋

〔苏联〕维·比安基　著　沈念驹　姚锦镕　译

插图绘制：杨　璐

商 务 印 书 馆 出 版
（北京王府井大街36号　邮政编码100710）
商 务 印 书 馆 发 行
三河市航远印刷有限公司印刷
ISBN 978‑7‑100‑19350‑4

2021年1月第1版　　　开本 710×1000　1/16
2021年1月第1次印刷　　印张 11　彩插 16
定价：18.80 元

为青少年创造有价值的阅读

（代总序）

　　读过经典和没有读过经典的青少年，其人生是不一样的。朱永新先生曾言："一个人的精神发育史就是他的阅读史。"那么，什么样的书才是经典？正如卡尔维诺所言："经典是那些你经常听人家说'我正在重读……'而不是'我正在读……'的书。"

　　阅读的重要性，毋庸赘言。而学会阅读，则是青少年成长所需的重要能力。那么，如何学会阅读？如何阅读经典？什么才是有价值的阅读？

　　"多读书，好读书，读好书，读整本的书"，这一理念已经得到众多老师和家长的认可。阅读的方法有很多种，除了精读，还有略读、跳读、猜读、群读等，这些方法都是有用的，本套丛书也给出了具体方法。我想强调的是，为青少年创造有价值的阅读，才是本套丛书的核心要点。我们一直力图在青少年"如何读名著"上取得突破，让学生在阅读中有更多的获得感。

　　我们主要从以下五个方面发力：

一、精选书单：涵盖适合学生阅读的书目

　　为了让学生读好书、读优质的书，我们精选书单，历年中小学语文教材推荐书目和《教育部基础教育课程教材发展中心 中小学生阅读指导目录》，都是本套丛书甄选的范畴。

二、强调原典：给学生提供最好的阅读版本

　　原典，即初始的经典版本。为了给学生寻找最好的版本，呈现原汁原味的文学经典，本套丛书的编辑们，以臻于至善的工匠精神，在众多的版本中进行

对比甄选、版权联络，如国外经典名著译本均为著名翻译家所译，为青少年的阅读提供品质保障。

三、关注成长：注重培养学生的优秀品格

通过阅读培养青少年的品格，是本套丛书的核心理念。每一本书的主题及重要情节，都旨在培养学生的品格与素养，如诚信、坚忍、专注、勇敢、博爱、担当、善良等。为此，我们在每本书中设置了"如何进行价值阅读"等栏目，目的便是使学生形成受益一生的品质、品格。

四、注重方法：让阅读真正能够深入浅出

经典难读、难懂，学生难以形成持续阅读的习惯，针对这一现象，编辑们对本套丛书的体例进行了研发与创新。他们根据每本书的特点，从阅读指导、体例设计、栏目编写等方面，有针对性地将精读与略读相结合，对不同体裁的作品，推荐不同的阅读方法，让阅读真正能够深入浅出，让学生在阅读中有获得感，体会到读书的乐趣，最终养成持续阅读的习惯。

五、智慧读书：融合国际先进的阅读理念

为什么以色列的孩子和美国学生的创新能力都比较突出？这与他们先进的阅读理念是密切相关的。为此，我们引入了"科学素养阅读体系"。在阅读前，设置"阅读耐力记录表"；在阅读后，设置"阅读思考记录表"。这样能够实时记录阅读进度和成果，从而帮助学生养成总结、记录、思考的良好阅读习惯。

21 世纪最重要的能力之一是学会阅读。让学生学有所成，一个重要的前提就是让阅读成为习惯。当你的孩子学会了阅读、爱上了阅读，他便学会了如何与这个世界相处，他将获得源源不竭的成长动力，终身受益。

以阅读关注青少年的成长，是我们始终不变的初衷；让"开卷"真正"有益"，是我们始终探寻的方向；为青少年创造有价值的阅读，是我们的终极梦想。想必这也是学生、家长和老师一直喜爱我们的书的原因吧！

2020 年 6 月
于北京北郊莽苍苍斋

名师导读

　　在你的印象中，秋天的森林是怎样的呢？是色彩斑斓的高大树冠，还是清澈明净的蜿蜒小溪；是热热闹闹的动物狂欢，还是惊心动魄的狩猎竞技？不妨闭上眼睛，想象一下森林里的秋季！

　　本书作为一本描写秋季森林的科普读物，以月报的形式进行编排，以电报的方式进行报道，每月一期，秋季共三期，分别为候鸟辞乡月（秋一月）、仓满粮足月（秋二月）、冬季客至月（秋三月）。作者维·比安基以独特的视角、拟人化的语言和充满童趣的文字，向我们讲述了秋季森林里那些有关动植物的故事。秋天，不同于春的萌芽、夏的绽放、冬的孕育，它带着果香、满身金黄地向我们走来。秋风萧瑟，落叶纷飞，候鸟迁徙，小兽藏穴，一幅幅秋景图浮现在我们眼前，而维·比安基带给我们的森林远不止这些自然风貌，他将生动的语言、传奇的故事融入秋季的森林，让生活的视角不断扩大，让生命的层次不断叠加。我们在书中不仅能欣赏到森林里的美丽秋色，还能体悟到许多人生哲理。勤劳的水䶄、乐观的母鸡、友好的喜鹊、机智的灰兔……这些富有灵性的小动物身上何尝不散发着闪耀的光辉？当然，书中会出现许多不值得我们提倡的行为，比如捕杀鲸鱼、猎杀候鸟、滥砍滥伐、偷盗东西……面对这些恶行，我们要学会抵制，学会和我们的森林朋友和睦相处，共生共存。

　　秋季的车轮承载着时间的重量，让森林如孩童一般从懵懂走向成熟。秋季的森林像重新开启的世界，千变万化正在蓄势待发。从枝干上出现色彩鲜艳的果实，到满树绿叶悄然变色；从天空开始出现忙碌的身影，到林间突然多出许多粮仓，这一个个变化无时无刻不揭示着季节的变化，这些渐渐忙碌的林中身影预示着寒冷的降临。作为旁观者，我们不去打扰在这里生活的"朋友"，只是观察它们不同于我们的生活方式、季节风貌以及它们生活的神秘森林。在这里，我们所见到的一切都是自然的馈赠，它们温暖了我们的心灵，丰富了我们的人生。

说到这里，你是否开始期待后面的故事，那么就让我们开始这场奇妙的旅行吧！

本书内容建议用10天的时间进行阅读。具体的阅读规划可以参照下表。

阅读阶段	建议用时	阅读规划
第一阶段	6天	对全书进行略读，粗知文章大意，挑选一则故事，试着复述其情节
第二阶段	3天	可采用圈点批注的方式，对重点章节或自己感兴趣的内容进行精读；找出动植物在秋季发生的具体变化
第三阶段	1天	结合"积累与运用"，对整本书进行回顾总结，整理阅读笔记形成卡片或表格，进行记录（如下表所示），也可以将优美生动的词语、句子摘抄下来作为写作积累

在秋季的森林冒险中，是否有让你难忘的动物和植物？它们在这样一个色彩艳丽的季节里都经历了哪些事情？利用下面这个记录表，将你的观察历程记录下来，看一看这些森林生灵的神秘活动吧！当然，你也可以发挥奇思妙想将它们画出来，用你的画笔，来丰富它们的色彩。

观察内容 观察对象	观察时间	形态特征	奇特经历
公驼鹿	候鸟辞乡月 （秋一月）	硕大无朋、头上长角	为争夺地盘而相互博斗

此外，在阅读时，请在阅读耐力记录表上做相应的记录，有计划地完成整本书的阅读。相信按照这样的阅读方式，我们终会学有所得、阅有所获，能够真正感受到《森林报·秋》的美妙之处，与作者一起走进森林，走近这些动植物。

阅读耐力记录表

请诚实记录你的每日阅读时长，养成阅读好习惯

本书阅读统计

开始时间：____年__月__日

结束时间：____年__月__日

最喜欢的月份：

最喜欢的动物：

最难忘的故事：

表格说明

该表格横轴是日期，竖轴是每天不间断的阅读时间，不可以一会儿读书一会儿去做其他事情。记录的时候每天在相应的格子里画个圈。读完本书之后，就可以把所有的圈连起来，形成一条曲线，仔细观察这条曲线，看看自己的阅读耐力是否有所增强。

	第1天	第2天	第3天	第4天	第5天	第6天	第7天	第8天	第9天	第10天
60分钟										
55分钟										
50分钟										
45分钟										
40分钟										
35分钟										
30分钟										
25分钟										
20分钟										
15分钟										
10分钟										
5分钟										

　　在微带寒意、清洁明净又似乎松脆易碎的空气里，无论是多彩的树叶，或是由于露珠和蛛网而银光闪闪的草丛，还是那蓝蓝的溪流———那样的蓝色在夏季是永远看不到的，都是那么赏心悦目，盛装浓抹，充满节日气氛。

整个雁群都在饱餐美食，放哨的几只则站在四周警戒。有一匹马一面揪食着又短又硬的麦茬儿，一面越来越近地向雁群走来。这匹马有点儿怪。它有六条腿，一定是个怪胎……其中的四条腿和一般的马腿没什么两样，可是有两条腿却套在裤管里。

　　短耳朵的水䶄夏天在郊外避暑，住在河边。那里有它筑在地下的一间卧室。从卧室向下斜伸出一条通道，直达水边。现在水䶄已经筑就了一个舒适温暖的越冬居室，居室远离水边，在有许多草丘的草甸上。

图说

　　林中的一只小雪兔趴在一丛灌木下，身子紧贴着地面，只有一双眼睛在扫视着四面八方，它心里害怕得很。这只兔子正在变白，身上开始长出一个个白色斑点。

在秋季一个清新的早晨，一个猎人肩上扛着枪走到了一片林子边上，他解开猎狗的皮带，把它们"抛"向了那片孤林。两条猎狗沿着一丛丛灌木冲了进去。

　　灰兔经过田野，跑过森林，身后留下了长长的一串脚印。现在灰兔真想跑到灌木丛边，在饱餐之后睡上一两个小时。可糟糕的是，它留下了足迹。

如何进行价值阅读

——《森林报·秋》一书以文中的趣事为例进行解读

故事简介

随着秋季的到来，森林中的动植物都做起了越冬的准备：候鸟即将辞别居所，踏上遥远旅途；走兽开始储备粮食，以免冬日饥寒；树木正在抖落残叶，将要沉睡一冬。都市里也发生了许多有趣的故事：喜鹊帮忙除草，燕鸥被套上脚环，鸟群飞向了不同地方……林间的战事将在这个秋季告一段落，农庄为选择良种母鸡而忙碌起来。来自天南地北的电报络绎不绝，狩猎场上的惊心动魄也即将开始。

价值解读

1. 关于坚持

秋季是候鸟迁徙的季节。在迁徙过程中，鸟群会遇到许多未知的危险，要越过数千里的路程，要躲避猎人的袭击，要忍饥挨饿，要花费大量时间，最后，幸运的鸟儿才会抵达目的地。即使面对如此多未知的艰难险阻，它们依旧会在秋季准时踏上迁徙的征途。这份对目标的坚持让它们有可能活过这个冬季，迎来更美好的春天。

候鸟的迁徙不仅是对生命的渴望，更是一种对目标坚持、不放弃的精神。困难并不可怕，可怕的是不能勇敢地面对困难，希望我们每一个人在面对困难和挫折时都能成为勇者。

2. 关于友善

在候鸟辞乡月的都市新闻中，一只小喜鹊被驯服，作为主人的"我"，待它很友善：给它喂水喂饭，让它吃抽屉里的食物，还给它喝茶。也正是因为"我"的友善，喜鹊很听话，还总爱帮"我"做事情。

友善是一种待人接物的态度，也是一种豁达美好的心态。无论是对待朋友还是小动物，友善都可以拉近彼此之间的距离，消除彼此的隔阂，让我们共生共存，和谐友好。

3. 关于勤劳

在秋季这样丰收的季节里，少不了农庄的庄员们勤劳工作的身影，从候鸟辞乡月的收割庄稼，获得粮食大丰收，到仓满粮足月将牲畜赶进畜栏，开始播种秋种，再到冬季客至月因出色的劳作而获得光荣称号，庄员们用勤劳创造着美好的生活，体会生活最本真的快乐。

在《古今药石·续自警篇》中有这样一句话："民生在勤，勤则不匮，是勤可以免饥寒也。"这句话告诉我们：百姓的生计在于勤劳，勤劳就不会缺少物资，勤劳就可以避免饥饿与寒冷。我们只有用自己勤劳的双手去创造，生活才更有意义，人生才会更精彩！

目录

目录

目录

目录

目录

候鸟辞乡月

（秋一月）

9月21日至10月20日　　太阳进入天秤星座

一年——分 12 个月谱写的太阳诗章

9月里愁云惨淡，生灵哀号。伴随着呼啸的秋风，天色越来越阴沉。秋季的第一个月已经来临。

秋季和春季一样，有着自己的进程，不过一切程序都反了过来。秋临大地是在空中初露端倪的。树叶开始渐渐变黄、变红、变褐色。树叶一旦缺少阳光，便开始枯萎，很快就失去了绿油油的色彩。枝头长着叶柄的地方开始出现枯萎的痕迹。即使在完全静止无风的日子里，也会有树叶蓦然坠落——这儿落下一片发黄的桦叶，那儿落下一片发红的山杨叶，轻盈地在空中飘摇下坠，在地面上无声无息地滑过。

清晨你醒来的时候会第一次看到草上的雾凇（寒冷天，雾冻结在枝叶上或电线上而成的白色松散冰晶。通称树挂。凇，sōng），你在自己的日记里记下："秋季开始了。"从这一天开始，确切地说，是从今晚开始（因为初寒总在黎明时分）树叶会越来越频繁地从枝头脱落，直至寒风骤起，刮尽残叶，脱去森林艳丽的夏装。

雨燕失去了踪影。燕子和在我们这儿度夏的其他候鸟都群集在一起，显然是要趁着夜色踏上遥遥征途。空中正在变得冷冷清清，水也正在冷却下去，再也不能激起我们游泳的兴致……

突然间，仿佛在记忆犹新的美丽夏日似的，天气晴朗了，白天变得和煦、明媚、安宁。宁谧的空中飞舞着一条条银光闪闪的长长蛛丝……田野上新鲜嫩绿的庄稼泛出了令人欣喜的光泽。

"遇上小阳春了。"村里人怀着浓浓爱意望望生机勃勃的秋苗，笑盈盈地说道。

林中万物正在为度过漫长的寒冬做准备，一切未来的生命都稳稳当当地躲藏起来，暖暖和和地把自己包裹起来，与其有关的一切操劳在来年春回之前都已停止。

只有母兔们不知消停，依然不甘心夏季就这么完了。它们又生下了小兔崽！生下的是秋兔。这时候，林子里长出了伞柄细细的蜜环菌。夏季结束了。

候鸟辞乡月已然来临。

如同在春季一样，来自林区的电讯又纷纷传到本报编辑部。每时每刻都有新闻，每日每夜都有事件报道。又如在候鸟返乡月一样，鸟类开始长途跋涉，不过，这回是由北向南。

于是，秋季开始了。

阅读链接

小阳春

本书中村里人所说的"小阳春"是指秋季即将结束，冬天来临之前出现的回暖天气。在中国，小阳春一般出现在每年的农历十月，也就是立冬到小雪这段节令期间。这一时期天气晴暖如春，气温不仅十分宜人，对农作物的生长也十分有利。"遇上小阳春了"，是村里人因看到生机勃勃的秋苗而不自觉发出的感叹，感叹奇迹般的生命，感叹自然对他们的馈赠。

秋季的森林充满着告别的气息：候鸟趁夜离开，踏上遥遥旅途；椋鸟轻轻歌唱，告别故乡的小屋；迁徙的队伍，正在悄悄组建。在那些不经意的时刻，森林里还发生了什么趣事？让我们一起来探索吧！

林间纪事

首份林区来电

所有穿着靓丽多彩衣装的鸣禽都消失了。我们没有看见它们是怎么踏上征程的，因为它们是夜间飞走的。

许多鸟儿宁愿在夜间飞行，因为这样比较安全。在黑暗中，那些从林子里飞出来、在它们飞经的路上守候的隼（sǔn）、鹞（yào）鹰和其他猛禽不会去惊动它们。而候鸟在黑夜里也能找到通往南方的路径。

在遥遥海途上，成群结队的水鸟——鸭子、潜鸭、大雁、鹬（yù）出现了。长翅膀的旅行者仍然在春季逗留过的地方小作停留。

森林里的树叶正在变黄。一只雌兔又生下了六只小兔崽。这是今年它生下的最后一窝小兔崽——秋兔。

在海湾长满水藻的岸滩上，不知是谁留下了一个个十字形印记。整个藻滩上布满一个个小十字和小点儿。我们在海湾的岸上给自己搭了一个小窝棚，想窥探究竟，看到底是谁在淘气。

一定有谁来过藻滩，留下了让人捉摸不透的脚印，到底是谁呢？

告别的歌声

白桦树上的树叶已明显地稀疏起来。早已被窝主抛弃的椋（liáng）鸟窝孤独地在光秃的枝干上摇晃。

怎么回事？突然有两只椋鸟飞了过来。雌鸟溜进了窝里，在窝里煞有介事地忙活着。雄鸟停在一根树枝上，停了一会儿，在四下里张望……接着唱起了歌。它轻轻地唱着，似乎是在自娱自乐。

雄鸟终于唱完了。雌鸟飞出了椋鸟窝，它得赶紧回到自己的群体中去。雄鸟也跟着它飞走了。该离开了，该离开了，不是今天走，而是明天要踏上万里征途。

它们是来和夏天用以养育儿女的小屋告别的。

它们不会忘记这间小屋，明年春季还会入住其间。

> 小小的椋鸟居然也会依依不舍地告别，并且还是用这种可爱又有趣的方式。

摘自少年自然界研究者的日记：

晶莹清澈的黎明

9月15日（这篇日记的作者是依气象划分四季的。气象部门通常以阳历3~5月为春季，6~8月为夏季，9~11月为秋季，12月~来年2月为冬季，与本书采用的划分四季和月份的方式不同），一个晴朗和煦的秋日。和往常一样，我一大早就跑进花园。

我出屋一望，天空高远深邃，清澈明净，空气中略带寒意，在树木、灌木丛和草丛之间挂满了亮晶晶的蜘蛛网。这些由极细的蛛丝织成的网上缀满将露珠比作水晶，我们仿佛还能听到叮叮当当的响声，这种感觉是不是奇妙极了？

蜘蛛离开自己的网后又会去哪儿呢？不妨观察一下我们生活中的蜘蛛或是了解一些相关的小知识，做一次阅读探索吧！

从清新的空气到多彩的树叶，再到银光闪闪的草丛和蓝蓝的溪流，秋季的美好跃然纸上。

了细细小小的玻璃状露珠。每一张网的中央都蹲着一只蜘蛛。

有一只蜘蛛把自己银光闪闪的网织在了两棵小云杉树的枝叶之间。由于网上缀满了冰凉的露珠，那网看上去仿佛是由水晶织成的，似乎只要轻轻一碰，就会叮叮当当响起来。那只蜘蛛则蜷缩成一个小球，屏息凝神，纹丝不动。还没有苍蝇在这里飞来飞去，所以它正在睡觉。或许它真的僵住了，冻得快死了？

我用小拇指小心翼翼地触了它一下。

蜘蛛毫无反应，仿佛一颗没有生命的小石子掉落到地上。但是在草丛下，我看到它立马跳起来，跑着躲了起来。

善于伪装的小东西！

令人感兴趣的是，它会不会回到自己的网上去？它会找到这张网吗？或许它会着手重新织一张这样的网？要知道多少劳动白费了，它又得一前一后来回奔跑，把结头固定住，再织出一个个的圈。这里面有多少技巧！

一颗露珠在细细的草叶尖儿上瑟瑟颤动，犹如长长睫毛上的一滴眼泪，折射出一个个闪亮的光点。于是，一种愉悦之情也在这光点中油然而生了。

最后的洋甘菊在路边依然低垂着由花瓣组成的白色衣裙，正在等待太阳出来给它们温暖。

在微带寒意、清洁明净又似乎松脆易碎的空气里，无论是多彩的树叶，或是由于露珠和蛛网而银光闪闪的草丛，还是那蓝蓝的溪流——那样的蓝色在夏季是永远看不到的，都是那么赏心悦目，盛装浓抹，充满节日气氛。我能发现的最难看的东西是，湿漉漉地黏在一起、一半已经破残的蒲公英花，毛茸茸、暗淡无光、灰不溜丢的夜蛾，它的小脑袋也许有点儿像鸟喙（huì），茸毛剥落得光溜溜的，都能见到肉了。而在夏

天，蒲公英花是多么丰满，头上张着数以千计的小降落伞！夜蛾也是毛茸茸的，小脑袋既平整又干燥！

我怜悯它们，让夜蛾停在蒲公英花上，久久地把它们捧在掌心里，凑到已经升到森林上空的太阳下。于是它们俩——冷冰冰、湿漉漉、奄奄一息的花朵和蛾子，稍稍恢复了一点儿生气。蒲公英头上黏在一起的灰色小伞晒干、变白、变轻，挺了起来；夜蛾的翅膀从内部燃起了生命之火，变得毛茸茸的，呈现出了蓝蓝的烟色。可怜、难看而残疾的小东西也变好看了。

森林附近的某一个地方，一只黑琴鸡开始压低了声音喃喃自语起来。

我向一丛灌木走去，想从树丛后面隐蔽地靠近它，看看它在秋季是怎么轻声轻气地自言自语和啾啾啼叫的，因为我想起了春季里它们的表演。

我刚走到灌木丛前，这只黑不溜秋的东西就"呋尔"一声飞走了，几乎是从我脚底下飞出来的，而且声音大得很，我甚至打了个冷战。

原来它就停在这儿，我的身边。我却觉得那声音很远。

这时，远方号角般的鹤唳声传到了我的耳边，人字形的鹤阵正飞经森林上空。

它们正离我们而去……

驻林地记者　维丽卡

泅水远行

草甸上濒死的野草低低地垂向地面。
著名的竞走健将长脚秧鸡已经踏上遥远的旅程。

经过阳光的洗礼，蒲公英和夜蛾重新焕发生机。太阳就是希望，让众多生物得以生长，展现生命的美好。

在万里海途上出现了潜鸭和潜鸟。它们潜入水下捕食鱼类。它们不大振翅飞翔，而是一路游着。它们泅水越过湖泊和水湾。

它们甚至不需要像鸭子那样为了使自己的身体一下子沉入水下，而先飞离水面，提升一点儿高度。它们的身体结构使它们只要把头一低，用力划动带蹼的脚掌，就可以潜入水下深处了。

在水下，潜鸟和潜鸭觉得就像在自己家里一样。在那里，任何一只猛禽都不能加害它们。它们游泳的速度甚至能赶上鱼类。

如果飞行，它们要远远落后于疾飞的猛禽。它们干吗要让自己冒险去飞行呢？只要可以，它们就泅水走完自己的漫漫旅途。

林中巨兽的格斗

在晚霞升起的时候，森林里传出了低沉而短促的吼声。从密林里走出两头林中巨兽——硕大无朋、头上长角的公驼鹿。它们用仿佛发自肺腑的低吼向对手挑战。

两位斗士在林间空地上会合。它们用蹄子刨地，晃动着沉重的双角，虎视眈眈。它们两眼充血，低下长角的头颅，冲向对方，将两对角相互碰撞、钩挂，发出隆隆的撞击声。它们把巨大身躯的全部重量都压过去，力图扭断对手的脖子。

它们彼此退开，又重新投入战斗，或曲颈把头颅低低地垂向地面，或前蹄凌空地立起来，用双角对打。

森林里一直响着沉重的双角敲击和碰撞的声音。难怪公驼鹿被称为枝形角兽，因为它的角既宽又大，样子像树枝。

常会有战败的对手从战场仓皇溃逃，也常会有对手在可怕双角的致命打击下折断了脖子，倒在地上，渐渐把血流干。胜利者会用坚硬的蹄子将对手踩踏致死。

于是，强劲的吼声再度响彻森林，枝形角兽吹响了胜利的号角。

在密林深处，不长角的母驼鹿正在等它，胜利者成了这块地盘的主人。

它不允许任何一头别的公驼鹿进入它的领地，对年轻的公驼鹿也不能容忍，要将它们赶走。

很远的地方都回响着它那威严低沉的吼声。

最后的浆果

沼泽地上，红莓苔子成熟了。它长在一个个泥炭土墩上，浆果直接在苔藓上搁着。老远就能看见这些浆果，可浆果长在什么上面，却看不出。你只要就近观察一番，就会发现在苔藓垫子上伸展着像线一样细细的茎。茎的两边长着小小硬硬、发亮的叶子。

这就是完整的一棵半灌木（半灌木是一种无明显主干的木本植物。植株一般矮小，枝干丛生于地面。半灌木在越冬时地面部分多枯萎死亡，但根部仍然存活，第二年继续萌生新枝。如某些蒿类植物等）。

H. M. 帕甫洛娃

原路返回

每个白天，每个夜晚，都有飞行的旅客上路。它们从容不迫、不露声色，途中作长时间的停留，这和春季时不一样。看来它们并不愿意辞别故乡。

返程迁徙的次序是这样的，首先是光鲜多彩的鸟儿起飞，最后上路的是春李最早飞来的鸟儿——苍头燕雀、云雀、海鸥。许多鸟儿都是年轻的飞在前面。苍头燕雀雌鸟比雄鸟早飞。谁体力好，有忍耐性，谁就能在故乡停留得久一些。

大部分候鸟直接飞往南方——法国、意大利、西班牙、地中海、非洲。有一些飞往东方，经过乌拉尔、西伯利亚，到达印度，甚至美洲。数千千米的路程在它们的下面一闪而过。

等待助手

乔木、灌木和草本植物都在急急忙忙地安置自己的后代。

枫树的枝条上挂着一对对翅果。它们已经彼此分离，只待风儿把它们摘下并带走。

盼望着风儿的还有草本植物。大蓟（jì），在它高高的茎秆上，从干燥的小兜里伸出一束束蓬勃的淡灰色丝状小毛；香蒲，把茎伸到沼泽里其他野草上方，茎上长着裹在棕色外衣中的梢头；山柳菊，它那毛茸茸的小球在晴朗的日子只要有些许微风随时都可飘扬四方。

还有许多别的草本植物，它们的果实上附有或短或长，或普通或呈羽状的小毛。

在收割一空的田野上，在道路和沟渠的两旁，植物盼望的已不是风儿，而是四脚或两脚的动物。牛蒡（bàng），拥有带小钩的干枯篮状花序，里面塞满了有棱有角的种子；鬼针草，有黑色的带三个角的果实，那些果实非常容易扎到袜子上；善于扎住东西的拉拉藤，它那圆形的小果实会牢牢地扎住衣服或卷进衣服里，要摘下它只能连带拉下一小绺衣服上的绒毛。

H. M. 帕甫洛娃

秋季的蘑菇

现在森林里是一副凄凄惨惨的样子，光秃秃一片，充满湿气，散发出腐叶的气息。但有一样叫人高兴的东西，那就是蜜环菌，看着它都觉得开心。它们一丛丛地长在树墩上、树干上，散布在地面上，仿佛一个个离群的个体独自在这里徘徊。

看着开心，采摘也愉快。不消（不需要）几分钟就能采满一小篮。要知道你采的都是伞盖，而且是挑选过的。

小的蜜环菌很好看，它的伞盖还很紧地收着，就如婴孩的帽子，下面是白白的小围巾。以后它会松开，成为真正的伞盖，而小围巾就成了领圈。

整个伞盖是由毛边的鳞状物组成的。它是什么颜色呢？这一点不容易说确切，那是一种悦目的、静谧的浅褐色。嫩菌伞盖下面的菌褶仍然是白的，老了以后几乎呈淡黄色。

你们是否发现，当老菌的伞盖罩住嫩菌时，嫩菌上面仿佛撒满了粉末。你会认为上面长出了霉点。你想起来了："这是孢子！"这是从老伞盖下面撒出来的。

如果你想吃蜜环菌，可要认准它的全部特征，经常会有人把毒菌当蜜环菌带到集市上出售。有一些毒菌的样子和蜜环菌相似，而且也长在树墩上。但是所有毒菌的伞盖下面都没有领圈，伞盖上不但没有鳞状物，而且颜色鲜艳，呈黄色或浅红色，菌褶呈黄色或绿色，孢子是深色的。

H. M. 帕甫洛娃

第二份林区来电

我们已经探明是什么动物在海湾岸滩藻地上留下了十字形花纹和小点儿。

原来是鹬的杰作。

在水藻丛生的海湾，有许多可以让它们美餐的小菜馆。它们在此逗留歇脚，果腹充饥。它们在松软的水藻上迈开长腿，留下三个脚趾分得很开的爪痕。而小点儿则是它们把长长的喙戳进水藻里留下的，它们这样做是为了从中拖出某样活物来当自己的早餐。

我们捉了一只整个夏季都住在我家屋顶上的鹳（guàn），在它脚上套了一个轻金属（铝制）脚环。在环上打着这样的文字：Moskwa，ornitolog，Komitet A，No 195（莫斯科，鸟类学委员会，A，195号）。然后我们把鹳放了，让它戴着脚环飞行。如果有人在它的越冬地捉到它，我们就能从报上得知我们的鹳过冬的住处在何方了。

　　林中的树叶已完全变色，开始坠落。

本报特派记者

同样的9月，林间的动物们正在紧锣密鼓地忙碌，居住在都市的动物们又在做着什么准备？广场上发生了一场胆大妄为的攻击；Φ-197357号脚环都途经了哪些地方？迁徙的候鸟到底要飞往何方？让我们一同来瞧瞧吧！

都市新闻

胆大妄为的攻击

在列宁格勒（1991年后称"圣彼得堡"），伊萨基辅大教堂广场，光天化日之下，就在行人的眼前发生了一起胆大妄为的攻击事件。

一群鸽子从广场上飞起来。这时，从伊萨基辅大教堂的圆顶上飞下一只硕大的游隼，袭击了最边上的一只鸽子。鸽毛开始在空中飞舞。

行人们看见大惊失色的鸽群躲到了一幢大房子的屋檐下，游隼则用利爪抓着死去的猎物，艰难地飞上教堂的圆顶。

巨大的隼的迁徙路线经过我们城市的上空。飞行的猛禽喜欢在教堂圆顶或钟楼上实施它们的强盗行径，因为那里便于它们看清猎物。

夜晚的惊吓

在城郊，几乎每天夜里都有使人惶恐不安的事发生。

人们一听到院子里的喧闹声就迅速起床，把头探到窗外。怎么回事？发生什么事了？

　　楼下院子里传来很响的禽鸟扑打翅膀的声音，鹅唝唝地叫着，鸭子也嘎嘎叫个不停。该不是黄鼠狼攻击它们了吧？还是狐狸钻进了院子？

　　可是，在房子都是砖石砌成的城市里，在安装着铸铁大门的房屋里，哪来的狐狸和黄鼠狼呢？

　　人们仔细检查了院落、禽舍。一切正常。什么野兽也没有，也没有什么东西能通过坚固的锁和门闩。准是那些家禽做了噩梦。你看现在它们不是安静下来了吗？

　　人们躺回床上，又安心地入睡了。

　　但是一小时以后又响起了唝唝声和嘎嘎声。一片惊慌，一片恐惧。究竟是怎么回事？那里又出什么事了？

　　你打开窗，躲起来听着。在黑暗的天空，星星闪烁着金色的光点。四周万籁俱寂。

　　然而，就在这时，似乎有一个捉摸不定的影子从高空滑过，逐渐遮蔽着天空金色的星光。高高的夜空里隐隐约约传来一种叫声，听得见时断时续的、轻轻的哨音。

　　家养的鸭和鹅顿时苏醒过来。这些禽类似乎早已忘却了自由，现在有一种冲动使它们振翅鼓动起空气来。它们稍稍踮起脚掌，伸长了脖子，悲伤而忧郁地叫着、叫着。

　　它们自由的野生姊妹们在漆黑的高空用呼唤对它们做出应答。在砖石房屋的上空，在铁皮屋顶的上空，那些飞行中的旅行者正一群接一群地鱼贯而过。夜空传来的便是野鹅和黑雁从喉部发出的彼此呼应声。

　　"唝！唝！走咯，走咯！离开寒冷，离开饥饿！走咯，走咯！"

　　候鸟嘹亮的叫声在远方消失了，但是在砖石房屋的院落深处，早已失去飞行习惯的家鹅和家鸭却乱了方寸。

第三份林区来电

早晨，寒冷已经降临。

有些灌木丛的树叶已经落尽，仿佛被刀割了一般。雨水使树叶从树上纷纷落下。

蝴蝶、苍蝇、甲虫都已各自藏身。

候鸟中的鸣禽匆匆穿过小树林和幼林，因为它们已经食不果腹。

只有鸫（dōng）鸟没有抱怨吃不饱肚子。它们正成群结队地扑向一串串成熟的花楸树的果实。

在落尽树叶的森林里，寒风正在呼啸。树木进入了深沉的睡梦。林中再也听不到如歌的鸟语。

本报特派记者

仓 鼠

我们在挖土豆，突然在我们劳动的地方有什么东西呜呜叫了起来。后来，狗跑了过来，就在这块地旁边停了下来，开始东闻西嗅，而这小东西还在呜呜叫个不停。于是，狗开始用爪子刨地。它一面刨一面不断汪汪地叫，因为这个东西一直在对它呜呜叫。狗刨出了一个小土坑，这时勉强能见到这小东西的头部。接着，狗刨出的坑很大了，便把小东西拖了出来，但是它把狗咬了一口。狗把它从自己身上抛了出去，拼命汪汪叫。这只小兽大小和一只小猫差不多，毛色灰中带黄、带黑、带白。我们这儿称它为黄鼠（仓鼠）。

驻林地记者　巴拉绍娃·马丽娅

连蘑菇都忘了采

在 9 月里，我和同学们到森林里采蘑菇。我在那里惊跑了四只花尾榛鸡。它们一身灰色，长着短短的脖子。

接着，我见到一条被打死的蛇。它已经风干了，挂在树墩上。树墩上有个小洞，洞里传出咝咝的声音。我想这儿是蛇窝，就从这个可怕的地方跑开了。

后来当我走近沼泽时，我见到了有生以来从未见过的情景。七只鹤从沼泽里飞上了天，仿佛七只绵羊。以往，我只在学校的挂图上见到过它们。

伙伴们都采了满满的一篮蘑菇，我却一直在林子里东奔西跑。到处都有小小的鸟儿，发出各种叫声。

在我们走回家时，一只灰色的兔子奔跑着从路上横穿过去，只见它的脖子是白的，一条后腿也是白的。

我从一旁绕过了有蛇窝的那个树墩。我们还见到了许多大雁，它们飞过我们村的上空，发出嘹亮的叫声。

驻林地记者　别兹苗内依

喜　鹊

春天的时候，村里的几个小孩儿捣毁了一个喜鹊窝，我向他们买了一只小喜鹊。在一昼夜的时间里，它很快就被驯服了。第二天，它已经直接从我手里吃食和饮水了。我们给它起了个名字：魔法师。它已听惯了这个称呼，一听到就会回应。

翅膀长好后，它就喜欢飞到门上面停着。门对面的厨房里，有一张带抽屉的桌子，抽屉里总放着一些吃的东西。只要你一拉开抽屉，喜鹊立马就从门上飞进抽屉，开始快速地吃里面的东西。如果你要把它挪开，它就喊喊叫，不愿意离开。

我去取水时对它喊一声：

"魔法师，跟我走！"

它就停到我肩膀上，跟我走了。

我们准备喝茶了——喜鹊先来个喧宾夺主，啄一块糖、一块小面包，要不就把爪子直接伸进热牛奶里去。

不过，最好笑的事常发生在我去菜园给胡萝卜除草的时候。

魔法师停在那里的菜垄上，看我怎么做。接着它也开始从地上拔东西，像我一样把拔出的东西放成一堆。它在帮我除草呢！

但是这位助手却良莠不分——它把什么都一起拔了，无论杂草还是胡萝卜。

驻林地记者　维拉·米海耶娃

躲藏起来

天气越来越冷了。

美好的夏季已经消逝……

血液在渐渐冷却，行动越来越软弱无力，昏昏欲睡的状态占了上风。

长着尾巴的蝾螈（yuán）整个夏天都住在池塘里，一次也没有爬离过。现在它爬上了岸，在森林里到处游荡。它找到了一个腐烂的树墩，钻进了树皮里，在那里把身体蜷缩成一团。

青蛙则相反，从岸上跳进了池塘。它们潜到水底，深深地钻进了水藻和淤泥里。蛇、蜥蜴躲到靠近树根的地方，钻进温暖的苔藓里。鱼儿群集在水下深深的坑里。

蝴蝶、苍蝇、蚊子、甲虫钻进了小洞、树皮的小孔、墙缝和篱笆缝里。蚂蚁把自己有着成百门户的高高城堡的所有出入口统统堵了起来。它们钻进了城堡的最深处，紧紧聚作一堆，就这么静止不动了。

它们面临着忍饥挨饿的日子。

对热血动物——兽类和鸟类来说，寒冷并不那么可怕，因为只要有食物，吃一点儿下去，就像炉子生了火。而冷血动物就只能忍饥挨饿了。

蝴蝶、苍蝇、蚊子都躲藏起来了，所以蝙蝠就没有了聊以充饥的东西。它们藏身于树洞、岩洞、山崖的裂罅（裂开的缝隙。罅，xià）、屋顶下的阁楼间里。它们用后腿的爪子随便抓住什么东西，头朝下把身体倒挂起来。它们用翅膀像雨衣一样把身体盖住，就入睡了。

青蛙、蛤蟆、蜥蜴、蛇、蜗牛都隐藏起来了。刺猬躲进了树根下自己的草窝里。獾（huān）难得走出自己的洞穴。

鸟类飞往越冬地

自天空俯瞰秋色

真想从高空俯瞰我们辽阔无际的国家。在清秋时节，乘坐平流层气球升到高空，俯瞰耸立的森林，俯瞰飘移的白云——离地大约有30千米吧。尽管你依然无法见到我们国土的疆垠，然而你放眼望去，目光所及，大地竟是如此广袤。当然这得在天空晴朗、浮云不遮望眼的天气。

在如此的高空鸟瞰下方，你会觉得我们整块大地都在动，有东西在森林、草原、山岭、海洋……的上空运动。

这是鸟类在运动，是难以计数的鸟群在运动。

我们的候鸟去国离乡，动身飞往越冬地。

当然，有些鸟儿——麻雀、鸽子、寒鸦、红腹灰雀、黄雀、山雀、啄木鸟和别的小鸟依然留在了原地。留下来的还有除雌鹌鹑以外的所有母野鸡，还有苍鹰、大猫头鹰。不过，这些猛禽在我们这儿到冬季便无事可做，因为大部分鸟类仍然离开我们飞往越冬地。飞迁是从夏末开始的，最先飞走的是春季来得最晚的那些鸟儿。鸟类的飞迁长达整个秋季，直至河水封冻。

最后飞离我们的是春季最先出现的鸟儿：白嘴鸦、云雀、椋鸟、野鸭、鸥鸟……

各有去处

你们是否以为从气球上望去，在通向越冬地的路上满是自北而南飞行的如潮鸟群？才不呢！

不同种类的鸟儿在不同的时间飞离，大部分在夜间飞行，因为这样比较安全。而且并非所有的鸟儿都自北向南飞往越冬地。有些鸟儿在秋季是自东向西飞的，另一些则相反——自西向东。我们这儿还有那样一些鸟儿，它们竟直接飞往北方越冬！

我们的特派记者用无线电报——通过无线电——告诉我们哪些鸟儿飞往何处，那些展翅远飞的跋涉者一路上有何感受。

自西向东飞

"切——依！切——依！切——依！"红色的朱雀成群结队地这样彼此呼应。还在8月份，它们就开始了从波罗的海沿岸、列宁格勒州和诺夫哥罗德州出发的旅程。它们走得从从容容，因为到处都有充足的食物，干吗要急着赶路？况且又不是回老家去筑巢孵小鸟。

我们曾看见它们飞经伏尔加河，越过不高的乌拉尔山脊，现在又见它们来到西伯利亚的巴拉宾斯克草原。它们日复一日地一直向东，向东——向着太阳升起的方向前进。它们从一片树林飞向另一片树林，因为整个巴拉宾斯克草原长满了一片片白桦树小林。

它们在夜间竭力飞行，白昼则休息和觅食。尽管它们成群结队地飞行，而且雀群中每只鸟儿都十分留神地注视，以免遭遇不测，但仍然会有不幸事件发生。它们没能守护好自己，这只或那只鸟儿落入了鹰爪。在西伯利亚这儿，猛禽非常多——苍鹰、燕隼、灰背隼等等。它们是高速飞翔的能手，可厉害呢！在小鸟从一片小林向另一片小林飞行的时候，有许多只就被抓走了！夜间比较好些，因为猫头鹰不多。

在西伯利亚这儿，朱雀群的路线转了个向。越过阿尔泰山，越过戈壁沙漠，飞往炎热的印度——在艰辛的旅途中它们这些小鸟又有多少会命丧黄泉！在那里，它们停下来过冬。

Φ-197357 号脚环的小故事

一只小小的鸥鸟——北极燕鸥脚上的 Φ-197357 号轻金属脚环是我们俄罗斯的一位年轻学者给它戴上的。这件事发生在 1955 年 7 月 5 日，北极圈外白海上的坎达拉克沙自然保护区。

这一年的 7 月底，当小鸟刚刚会飞，北极的燕鸥便聚集成群，起程登上冬季的旅途。它们先向北飞——飞向白海的海域，接着向西——沿着科拉半岛的北海岸，然后转向南方——沿着挪威、英国、葡萄牙和整个非洲的海岸一路飞行。绕过好望角后，它们就飞到了东方：从大西洋进入了印度洋。

1965 年 5 月 16 日，在弗里曼特尔市附近的澳洲西海岸——离坎达拉克沙自然保护区直线距离两万四千多千米的地方，戴着 Φ-197357 号脚环的年轻北极燕鸥被一位澳大利亚学者捕获了。

它那戴脚环的标本现在收藏在澳大利亚珀斯市动物博物馆。

自东向西飞

每年夏季，有如乌云一般的一群群野鸭和似白云一般的整群整群鸥鸟在奥涅加湖上繁殖。秋季正在临近，于是这些乌云和白云便飞向了西方——太阳下山的地方。针尾鸭群和海鸥群动身向越冬地进发了。让我们乘飞机跟随它们吧。您听到尖厉的哨音了吗？随之而起的是拍水声、翅膀扇动声、野鸭绝望的嘎嘎叫声和海鸥的鸣叫声！

针尾鸭和鸥鸟刚想在一片林间小湖上安顿休息，不料迁徙的游隼却紧随而至，追上了它们。仿佛牧人的一根长鞭随着一声呼啸划过长空，游隼在一只飞到空中的针尾鸭的背部上方飞掠而过，用它那弯曲得像小刀似的后趾利爪划破了鸭子的脊背。受伤的鸟儿长长的脖子像绳子一样垂挂下来，还未等它落入湖中，游隼就骤然转过身来，在紧贴水面的上方用爪子一把将它抓住，用钢铁般的利喙给它的后脑致命一击，把它带走作为自己的美餐了。

这只游隼是鸭群的灾星。它与鸭群一起从奥涅加湖上起程，又和鸭群一起经过列宁格勒、芬兰湾、立陶宛……在吃饱的时候，它就停在某一个山崖上或哪一棵树上，若无其事地看着鸥鸟在水面上方飞翔，野鸭一头扎进水里。它看它们从水面上飞起来，聚成一堆或排成长长的鸟阵，向着太阳，像一颗黄色的圆球那样落进波罗的海灰暗的水中，继续自己西行的征途。但是只要游隼一感觉到饥饿，它便迅捷地追上自己的鸟群，从中抓出一只鸭子来吃。

它将会这样追随它们，沿着波罗的海、北海的海岸线　直飞下去，追随它们飞经不列颠群岛——也许直至这些岛屿的岸边，这只会飞的"狼"才会最终脱离这些飞鸟。在这里，我们的鸭群和鸥群将留下来过冬，而它，如果愿意，就又会去追逐其他南飞的鸭群——飞往法国、意大利，飞经地中海，进入炎热的非洲。

向北飞，向北飞，飞向长夜不明的地方！

绒鸭——正是为我们的外衣提供如此暖和轻柔羽绒的那些鸭子——在白海的坎达拉克沙自然保护区安详地孵育了自己的雏鸭。在这里，对绒鸭的保护已进行多年，大学生和科学家给鸭子戴上脚环——带号码的轻金属圈，以便了解它们从保护区飞往了何处，它们的越冬地又在何处，返回保护区的绒鸭数量大不大，以及关于这些奇异鸟类生活中的其他细节。

他们得知绒鸭离开保护区后几乎一直向北飞，那是长夜漫漫的地方，是生活着格陵兰海豹和大声持久吐气的白鲸的北冰洋。

白海不久就整个儿被厚厚的冰层覆盖了，冬季绒鸭在这儿没有食物可吃。而在北方，水面长年不封冻，海豹和巨大的白鲸在那里捕食鱼类。

绒鸭从岩礁和海藻上揪食软体动物——水下的贝类。它们这些北方鸟类的头等大事是吃饱。纵然当时正值严寒天气，四周是茫茫水域，一片黑暗，它们对此也无所畏惧，因为它们穿着羽绒大衣，披着寒气无法穿透、世上最为暖和的羽绒！再说，有时还会出现极光——北极天空出现的奇异闪光，还有巨大的月亮和明亮的星星。大洋上太阳几个月不露面，这算得了什么？反正北极的鸭子在那儿舒舒坦坦、饱餐终日、自由自在地度过了北极漫长的冬夜。

候鸟迁徙之谜

为什么一些鸟类直接飞往南方，另一些飞往北方，还有一些飞往西方，再有一些飞往东方？

为什么许多鸟类只在水面结冰或开始下雪，它们再也无可觅食的时候才飞离我们，而另一些鸟类，例如雨燕，却按时节离开我们，准确地遵循着日历上的时间，虽然当时它们的食物在四周应有尽有？

还有最为主要的一点：它们根据什么知道秋季应该飞往何方，在何处越冬，以及走哪条路到达那里？

一只小鸟破壳而生是在这儿，比如莫斯科或列宁格勒的某地，而它飞往的越冬地却在南部非洲或印度。我们这儿还有一只飞行速度极快的年轻游隼，它从西伯利亚飞往世界的边缘——澳大利亚。它在那儿待不了多久，到我们这儿春暖花开时又飞回到我们西伯利亚。

（待续）

经过了春与夏的战争，白桦、山杨和云杉迎来了最后的决战，这场可怕的林木种间大战将以谁的胜利而告终呢？这个布满阵亡"战士"遗体的战场又将会迎来怎样的命运呢？延续百年的战争还将继续吗？我们一起来一探究竟。

林间战事（续完）

本报记者找到了林木种间大战终结的地方。这地方原来是云杉的天下，我们的使者在自己旅程一开始的时候就来到了这里。

下面就是他们所了解到的这场可怕战争的结局。

在和白桦以及山杨赤手空拳的搏斗中，许多云杉牺牲了。然而，最终云杉赢得了胜利。

它们是年轻的敌手。山杨和白桦的寿命比云杉短。进入老年的山杨和白桦已不能如它们的敌手那样迅速地生长。云杉长得高过了它们，在它们头顶张开了自己可怕的扶疏的枝叶，于是喜光的阔叶树就枯萎了。

云杉还在继续不断地生长，它们下面的阴影变得更密更暗。在那里，等待着战败者的是凶狠的苔藓、地衣、蠹甲虫、木蠹蛾。在那里，战败者面临的是慢慢死去。

好多年过去了。

自人们将阴沉年老的云杉林伐尽，已过了一百年。为争夺这块被解放土地的战争也延续了一百年。而如今，在原地仍然耸立着那样一片阴沉年老的云

这场战争开始于春天，若想了解，可以拿来《森林报·春》和《森林报·夏》进行阅读。

即便人类介入，即便树种相搏，但最后耸立于此的还是曾经牺牲许多的云杉，云杉为何会有如此强大的生命力？不妨查一查有关云杉的资料吧！

杉林。

在这片林子里，听不到鸟儿的歌声，也没有欢乐的小兽在里面居住，所有偶然来到这儿的幼小绿色植物都会在这个云杉居民的阴沉沉的世界里枯萎并迅速死亡。

冬季临近了——这是林木种间大战每年休战的时节。树木正在休眠，它们比洞穴中的熊睡得还死。它们睡得沉沉的，似乎没有了生命。它们经脉里的液汁已停止了流动，它们既不吃，也不长，只在睡梦中维持着呼吸。

您仔细去听听——一片沉寂。

您再仔细看看——这是布满了阵亡"战士"遗体的战场。

本报记者获悉，今年冬季这片阴沉沉的云杉林将被消灭。按计划，这里将是林木采伐地。

明年，这里将是一片新的荒漠——伐尽树木的残址。在这上面又将开始一场林木种间之战。

不过，这回我们不会让云杉获胜了。我们将干预这场永恒的可怕战争，我们将在采伐过的土地上引种这里从没有见过的林木新品种，还将关注它们的生长，必要的时候在顶上砍出一些窗口，使明亮的阳光能够透入。

为了森林能够健康地发展，人类适当的干预是很有必要的。

到时候，鸟儿将在这儿永远为我们演唱欢乐的歌。

和平之树

不久前，我们的小伙伴们向莫斯科州拉缅斯科耶区所有低年级的学生发出呼吁，在园林周活动期间每人种一棵和平之树。少年园艺工作者和成年园艺工作者承诺，帮助他们栽种和培育和平之树。小伙伴们将借此机会学习和成长，他们的和平之树也将在校园里和他们一起成长！

莫斯科州朱可夫市第四中学的学生

　　种植和平之树是多么有意义的事情啊！你是否也做过类似有趣又有益的事情呢？

秋收已经完成，田间换上了绿油油的秋播作物；孩子们迎来了开学，他们不能再帮忙劳作了；这时的农庄正在准备一场秋季植树节，池塘和禽舍都热闹起来。属于秋季的喜悦正等待着我们。

农庄纪事

田间的庄稼已收割一空，粮食获得了大丰收。农庄的庄员们和城里的市民们已经在品尝用新收的粮食制作的馅饼和白面包了。

亚麻遍布在宽沟和山坡的田野里，被雨水淋湿了，被太阳晒干了，又被风吹松了。又到了把它收集起来运往打谷场的时候，在那里把它揉压，再剥下麻皮。

孩子们开学已经一个月，现在没有他们帮忙了。人们正在进行把土豆从地里挖出来的工作，之后会把它们运到站里，再将它们埋入沙丘上干燥的土坑里贮藏起来。

菜地里也变得空空如也。最后从地里收起的是包得紧紧的圆白菜。

田间绿油油的秋播作物呈现出一派生机。这是集体农庄的庄员们用以接替已经收割的庄稼而为祖国的新一轮收获所做的准备——这将是一轮更为丰硕的收成。

田间灰色的山鹑已经不再以家庭为单位待在秋播作物的地里，而是结成了更大的群体——每一群有一百多只。

对山鹑的狩猎很快就到了尾声。

沟壑的征服者

我们的田野上形成了一条条沟壑。它们正在伸展、深入到农庄的地里。农庄庄员们为此伤透了脑筋，我们的小伙伴——少先队员们也在为大人分忧。我们开了一次大会专门研究如何更好地和沟壑开展斗争，阻止它们的发展。

我们知道要做到这一点需要在沟壑里广种树木。树根可以系住土壤，巩固沟壑的边缘和坡面。

这次会议是春天开的，现在已是秋天。我们在专设的苗圃里培育了树苗——大约有几千棵白杨树苗以及许多灌木类的柳树和合欢（柳树和合欢这两种木本植物既有乔木，又有灌木），而且我们已经在栽种了。

几年以后，沟壑的坡面都将被大树和灌木所覆盖，沟壑将被永久征服。

少先队大队委员会主席　科里亚·阿加丰诺夫

采集树种运动

9月里，很多乔木和灌木的种子和果实正在成熟。这时，对于苗圃的播种，以及水渠和池塘的绿化来说，采集更多的树种尤其重要。

相当多的乔木和灌木种子的采集最好在它们完全成熟的前夕进行，或在它们成熟后，在很短的期限内立即采集。采集尖叶枫、橡树、西伯利亚落叶松的种子尤其不能迟缓。

人们在9月份开始采集苹果树、野梨树、西伯利亚苹果树、红接骨木、皂荚树、荚蒾（mí）、栗树（板栗）、七叶树、榛树（西洋榛子）、银柳胡颓子（果实为沙枣）、醋柳（果实为沙棘）、丁香、黑刺李和野蔷薇的种子，还有在克里米亚和高加索常见的山茱萸的种子。

我们出了什么主意

我们全体人民正在忙一件极为美好的大事：植树造林。

在春季，我们也在过"植树节"。这一天成了名副其实的植树节日。我们在集体农庄水塘的四周种了树，使它不会因阳光的照射而干涸。我们在高峻的河岸上也种满了树，以便加固陡岸。我们还绿化了学校的操场。经过一个夏季，所有这些树木都将生根、成长。

下面是我们现在想到的事：

冬天，我们田间的道路都盖上了白雪。每年冬季都得砍伐整片整片的小云杉树林，将这些云杉插到路边，让道路从雪地里区分出来，这样就在那里留下了标记，指示了方向，使人不至于在暴风雪天气迷路，陷进雪堆里。

干吗每年都要砍伐那么多树呢？最好在路的两旁一劳永逸地栽上永久性的活树，让它自由生长，保护道路不因积雪而消失，也指示了路径。

我们决定就这么办。

我们在林边挖掘出小云杉，装入筐内运到路边。

我们在路边种满了小树，这些树都高高兴兴地在新地方生根成长了。

驻林地记者　瓦涅·扎尼亚京

集体农庄新闻

H. M. 帕甫洛娃

选择良种母鸡

昨天在突击队员农庄的养鸡场里进行了选择良种母鸡的工作。人们用屏风把母鸡小心翼翼地赶往一个角落，捉住一只交到专家手里。

这时，专家双手捧着一只嘴巴长长、高高瘦瘦的母鸡，它长着一个缺乏血色的小鸡冠，傻乎乎地睁着一对睡意蒙眬的眼睛："你干吗打扰我？"

专家把它交了回去，说道：

"这样的鸡我们不需要。"

后来，专家抓住一只嘴巴短短、眼睛大大的母鸡。它的脑袋宽宽大大，鲜红的鸡冠歪向一边。它的双目炯炯有神。它挣扎着、叫着："放开我，马上放开我！没什么好赶来赶去的，也没什么好东抓西抓的，弄得我正经事干不了！你自己不会掏蚯蚓，又不让别人干！"

"这只好，"专家说，"让这只给咱们生蛋。"

原来为了生出好蛋，得挑选有生气、有活力、生性快乐的母鸡。

改变养殖地和名称

这些正在成长的鱼叫鲤鱼。春季里它们的母亲在一个浅浅的小水塘里产了卵，这些卵孵化出70万尾鱼苗。这个塘里没有其他种类的鱼，所以同一家族的鱼儿便开始在其中生活，有70万个兄弟姐妹。可是经过一个半星期后，它们在这儿已经感到拥挤了，所以它们被迁到一个大塘度夏。鱼苗在这里成长，快到秋季时它们便被称为"幼鱼"了。

现在，幼鱼准备迁到越冬的塘里。经冬以后，它们就是有一年鱼龄的小鱼了。

在星期天

小学生们帮助朝霞集体农庄收获块根作物，从土里挖掘甜菜、冬油菜、萝卜、胡萝卜和欧芹。孩子们发现，冬油菜的块根比脑袋最大的同学瓦季克·彼得罗夫的脑袋还大。不过，最使他们惊讶的是胡萝卜的个头儿。

盖纳·拉里昂诺夫把一个胡萝卜挪到自己腿边一比，原来它和膝盖齐高！而它的上端宽度竟和手掌一样。

"在古代人们大概用块根植物来打仗，"盖纳·拉里昂诺夫说，"他们用萝卜的块根代替手榴弹扔向敌人。到徒手格斗时就嘭的一下，用胡萝卜向敌人的脑袋砸过去！"

"在古代，这样的块根植物人们连种都还不会种呢。"瓦季克·彼得罗夫反驳说。

"把小偷关进瓶子里！"

这是红十月集体农庄的养蜂人说的一句话。

这一天，因为天气较凉，蜜蜂都待在了蜂箱里。这正是黄蜂这伙盗贼求之不得的。它们飞到了养蜂场来偷窃蜂箱里的蜂蜜。但是没等飞到蜂箱，它们就嗅到了蜂蜜的香味，看见了摆放在养蜂场上装有蜜水的玻璃瓶子。这时，黄蜂打消了偷偷逼近蜂箱的念头。它们推断，也许从瓶子里偷蜜要文明些，而且也不像从蜂箱里偷盗那么危险。

它们试了试，于是落入了圈套，掉进蜜水里淹死了。

‖成长启示

黄蜂想不劳而获，自己不酿蜜却想窃取蜜蜂酿出的蜂蜜，自作聪明地飞向装有蜜水的玻璃瓶子，结果落入圈套，淹死在蜜水里。在我们的生活中，通过自身努力，踏踏实实、勤勤恳恳获得的成绩才是真实的；只想坐享其成，而不付出任何劳动就获取劳动成果的行为是不值得提倡的。

‖要点思考

1. 秋季的农庄都在忙碌些什么？

2. 通过阅读，在农庄里你观察到了多少小动物？哪些动物让你印象最深刻？为什么？

基塔·维里坎诺夫讲述的故事

在篝火边

我曾和几位老人去森林和湖上打猎。

我们趁着晚霞，照例尽兴尽意地乒乒乓乓开了一阵枪。好在我们多多少少还是打到了几只野禽，所以就烧起了一堆篝火——照诺夫哥罗德的地方话说，就是打了个火堆，饱餐了一顿野鸭炖粥，接着又喝了茶。火堆上煮的茶可好喝哩——带烟火味！

形形色色的故事自然而然地讲开了，不管怎么样得把一夜时间打发过去呗。趁着微弱的火光，又得坐上很久。

叶甫赛依爷爷开始说自己的故事："你们这儿就这个样，野禽嘛，就是平平常常、普普通通的那些，没有我们克里米亚常见的那些。我在克里米亚当过兵，不敢说在那儿有多少见识，可那儿的鸟儿却真的叫人惊奇！"

"开场了，"我心里暗想，"即使不让我吃饭，只要能听这些猎人的故事就好，这些故事我太爱听了！"另外几个人说："闵希豪生（也译作'敏豪森'，《吹牛大王历险记》的主人公）的故事！"可我却认为，猎人在狩猎时心情激动，因此浮现在他眼前的景象和无动于衷的人见到的不一样。当然，也常有猎人编造的、所谓稍稍添油加醋的东西。就这么回事！关于猎人的故事流传着这样一句话——尽是胡编乱造！但事实上，他们的故事里往往隐藏着令人惊异、罕见的真情头事，这样的事别人谁也不曾见到。就算是故事吧，其中也还是经常会有某种真实的成分。干吗要塞住耳朵不听呢！所以，我就向爷爷发问了："叶甫赛依爷爷，您在那儿究竟遇见了什么从未见过的鸟儿呢？"

"恐怕说了你也不相信。举例说吧，那儿有一种野鸭。姑且叫它鸭子吧，它的个头儿却有雁那么大。它的名称是加拉加兹。这种鸭子的性子——直截了当地说吧——像野兽。它在草原上发现狐狸了，会立马一口咬住狐狸的后颈往地上摔，然后把它吃了。它还占据狐狸的洞穴，自己住进去，在那里生蛋，孵小鸭。"

"它长什么样？"

伊凡爷爷却透过自己的大胡子冷笑着说道："尽管胡说八道去吧，谁信哪！"

"我说个头儿跟雁一样。嘴红红的，脑袋像公鸭，全身色彩斑斓。在它身后的狐狸洞口只剩下一根狐狸尾巴和一绺绺的毛——我可是亲眼所见。"

伊凡爷爷说道："我们这儿像这么大力气而且凶狠的鸟儿确实没有。可是小的倒有，小得简直叫人吃惊！这儿有一个叫维坚卡的男孩儿，从城里一来就在这儿打到了一只。你知道吗？他的霰弹，从弹壳里掉出来了，他就这么对着一根云杉的枝条瞄准了——我就站在他身边，亲眼看见了。乒的一枪！一只小鸟从树上掉了下来——不管你信不信，就跟苍蝇似的，小得可怜。就是蜻蜓也比它大！奇怪的是，它是那么娇嫩可爱！我刚才跟你们说过，子弹完全是空弹，里面一颗霰弹也没有。原来那可爱的小东西听到一声枪响吓得晕了过去。维坚卡把它拾起来，放进怀里，带回家里——他们一家在我们这边的别墅里住着。他把小鸟放到桌上，它肚子朝上躺着，两条小腿毫不动弹，看它被吓成什么样了！后来它苏醒了，一骨碌翻了个身，就往窗户外飞，仿佛什么事也没发生过似的！它在男孩儿的鸟笼里生活了整整一个月。它的颜色灰灰的，脑门儿却红得就像一团火！"

"你想叫谁吃惊哪！"叶甫赛依爷爷听伊凡爷爷讲完，没好气地嘟哝说，"小鸟吓晕了！你可是自己说它虚弱得只剩一口气了。它的心脏大概比一颗豌豆还小。那么，你是否乐意把森林的主人托普特京（俄罗斯民间对熊的另一个谑称，常见的还有'米沙'或'米什卡'）将军也吓个半死呢？"

伊凡爷爷咳了一声。叶甫赛依爷爷却还要说下去：

"在我当兵的时候有过这么件事。有一回，叶罗施金少校从山上看到林子里有一头熊，它正在不紧不慢地干自己的活儿，把石头搬开，在那儿找甲虫、蜒蚰（yányóu）和老鼠吃。叶罗施金少校一下子拿起双筒猎枪就对着野兽开了一枪。可枪筒里装的是霰弹，因为少校是去打花尾榛鸡的，就用这些铅砂子弹打它们，可他却忘了这一点。

"那头熊呢？就在山下，近得很——简直伸手可及。而这霰弹就是打中了它，也打不透它的毛皮，只会在毛里面搅住。

"可是少校刚对它开了一枪，我的米什卡就蹦了起来，大吼一声，从陡坡上翻了个筋斗，一头钻进了树丛里，只听到树枝折断的脆响声！我和少校顿时哈哈大笑起来。后来我们仍然决定下去看个究竟——它留下了什么踪迹？

"我实说吧，那踪迹可真没什么好看的。熊大人被吓了个屁滚尿流。这倒还没什么，我们往下走进树丛里——它就在那儿躺着，像段木头那样死了。它被吓死了……看这一枪的威力！"

我们议论那次遭遇，接着老人们开始回忆各自有趣的开枪经历。

伊凡爷爷讲到，有一次他在林边瞄准了一丛灌木下的一只白鸟。他对它开了一枪，便走上前去一看：树丛里有七只被打死的白山鹑，只等他去捡。一下就赚了七只。

后来他又想起一件事，在他打猎完回家的时候，他面前的地上飞起好大一只苍鹰。伊凡爷爷朝它背部开了一枪，他对这些苍鹰总是只要可能就予以歼灭。

苍鹰坠落下来，扑棱着翅膀。伊凡爷爷走到它跟前，看到它下面有一只被摘了脑袋的花母鸡。他把母鸡带回村里，他老伴儿对他说："是我们家的花鸡！刚刚被那强盗拖走。现在好了，一举两得。你把盗贼消灭了，全村人都会向你致敬呢，明儿我给你炖鸡汤喝。"

叶甫赛依爷爷不甘落后，又说起了叶罗施金少校的一件事。

"应当说少校的枪法不怎么样，就像人们说的朝乌鸦开枪打在了奶牛身上。不过，打猎的时候就各有各的运气了。而少校交上了大运。他遇到的第二件事发生在老地方——高加索，经过是这样的：少校带着自己的猎狗和一条向导犬，去打野鸡。向导犬带他走到了一丛芦苇前，站定了，缩起了一条腿，也就是所谓的停下伺伏了。少校走到猎狗身边，要它继续往前走。猎狗向前跨了一步，野鸡从它下面'吠尔！'飞走了，少校呢，乓的一枪！野鸡安然无恙地飞走了，可是芦苇丛里却沙沙响了起来，嗷嗷叫了起来，发出了拍打声！又出什么事啦？他们走上前去，原来躺着好大的一只猫，正在挣扎呢。那里生长着一种丛林猫，当然是野的。那些猫个头儿很大，比咱们的家猫大一倍。"

伊凡爷爷说了自己的追踪犬的故事，那条狗已经很老了，眼睛全瞎了，可是追踪兔子比以前还好。

"它在林子里怎么不在树上撞个头破血流呢？"叶甫赛依爷爷摇摇头问，"嘿，你又撒谎了！"

"它可是不慌不忙一步步走的。兔子也不慌不忙地躲着它走，可是狗还是把它往我这边赶。"

"这算什么！"叶甫赛依爷爷既不表示赞同，也不表示反对，自言自语地说。"听说有个猎人有条猎狗，就像少校先生的那条追踪犬，样子跟同胞姊妹似的。那条狗会对着纸做伺伏的动作。"

"这是怎么回事——对着纸张伺伏？"伊凡爷爷弄不明白了。

"很简单。主人在纸上写上'黑琴鸡'或'田鹬'的字样，那狗就一面找猎物，一面做伺伏的动作。如果上面什么也没有，那狗对纸张根本就看也不看。"

"哎嘿！咳！咳！"伊凡爷爷突然厉害地咳嗽起来，"该死的蚊子！它们倒只吸了一点儿血，却不知为什么无缘无故地钻进了喉咙里。在林子里这些成双成对的蚊子搅得人不得安宁，在家里又让苍蝇搅得不安生。苍蝇感到自己日子不多了，所以变得那么坏，比蚊子咬得还凶。"

"你看，"他又说道，"火堆已经灭了。所以蚊子叮咱们来了！天有点亮了，该干活儿了。"

基塔·维里坎诺夫

秋季第一个月的狩猎要开始了。猎人们整装待发，猎狗们兴奋地叫着，一个个圈套已经布好，一声声号角正在吹响，一场场围猎拉开序幕。在未知的世界里，你追我赶的竞赛正在悄悄进行……

狩猎纪事

变傻的黑琴鸡

秋季里，黑琴鸡大群大群地聚集起来。这里有羽毛丰满的公鸟，也有羽毛上有花点的棕红色母鸟，还有年幼的鸟儿。

一大群闹闹嚷嚷地降落到长浆果的地方。

鸟儿在田野里四下散开，有的揪食长得很牢的红色越橘，有的用爪子扒开草丛，吞食细石子和沙粒。细石子和沙粒能助消化，在嗉囊（sùnáng，鸟类消化器官的一部分，在食道的下部，像个袋子，用来储存食物。通称嗉子）和胃里磨碎坚硬的食物。

干燥的落叶上传来了沙沙的急促脚步声。

黑琴鸡都抬起了头，警觉起来。

是冲这儿跑来的！树丛间闪动着一条莱卡狗竖起尖耳朵的脑袋。

黑琴鸡们很不情愿地飞上了树枝，有一些躲进了草丛里。

猎狗在浆果地里到处奔跑，把所有的鸟儿都惊得飞了起来。

接着它坐在一棵树下，选中一只鸟儿，用双眼盯着它，叫个不停。

那只鸟儿也睁大眼睛看着猎狗。不久，它在树上待腻了，开始在树枝上走来走去，一直转动脑袋望着猎狗。

这是多么讨厌的一条狗！它干吗老坐着不走！它想着吃东西了……它得去赶自己的路哇，那样就可以再飞到下面去吃浆果了……

突然枪声响了，被打死的黑琴鸡坠落到了地上。在它被猎狗缠住时，猎人偷偷地走近，蓦然间用枪弹把它从树上打了下来。群鸟啪啪地振翅飞到了森林上空，远离猎人而去。林间空地和小树林在它们下面闪动。在哪里降落好呢？这儿会不会也藏着猎人呢？

在一片白桦林的边缘，光秃秃的树梢上影影绰绰地停着黑琴鸡。一共有三只。这就是可以安全降落的地方。如果白桦林里有人，鸟儿不会那么安安稳稳地在那儿停栖。

群鸟越飞越低，眼看着叽叽喳喳地在树梢上各自停了下来。停在这儿的那三只公黑琴鸡连头也不向它们转一下——它们一动不动地停着，仿佛三个树桩。新飞来的那些黑琴鸡专注地端详着它们。公黑琴鸡就是公黑琴鸡，身上黑乎乎的，眉毛是红的，翅膀上有白颜色花斑，尾巴分叉，还有一双亮闪闪的黑眼睛。

那就毫无问题了。

乓！乓！

怎么回事？哪来的枪声？为什么新来的鸟儿有两只从树上掉了下去？

林梢上空升起一团轻烟，很快就消散了。但是，这里的三只黑琴鸡还是像刚才那样停着。群鸟望着它们，仍然停在树上。下面一个人也没有，干吗要飞走呢？

群鸟把脑袋转来转去，四下张望了一会儿，便宽下心来。

乓！乓！

一只公黑琴鸡像土块儿一样坠落到地上。另一只飞到了林梢上方的高空，在空中向上一蹿，也落了下来。受惊的鸟群飞离了树枝，在受到致命伤的黑琴鸡从高空落到地面前就消失了。只有那三只公黑琴鸡，刚才那么停着，现在仍然纹丝不动地停在树梢上。

下面一间不显眼的小窝棚里，走出一个手持猎枪的人，捡走了猎物。

白桦树梢上，那只公黑琴鸡的一双黑眼睛，若有所思地望着森林上空的某一方向。那只静止不动的公黑琴鸡的黑眼睛，其实是两颗玻璃珠子，而静止不动的黑琴鸡原来是用碎呢料子做的。但是鸟喙倒是真正的黑琴鸡的喙，分叉的尾巴也是用真正的羽毛做的。

猎人取下标本，下了树，又爬上树去取另两个标本。

在远处，饱受惊吓的鸟群在飞越森林上空时，满腹狐疑地注视着每一棵树、每一丛灌木。哪儿又会冒出新的危险呢？到哪儿去躲避诡计多端、狡猾透顶的带枪人呢？你永远无法事先知道他用什么方法对你使坏……

大雁是好奇的

大雁生性好奇，这一点猎人知道得最清楚。他还知道没有比大雁更有警惕性的鸟儿了。

在离岸整整1000米的浅沙滩上就栖息着一大群大雁。无论你走着、爬着，还是乘船，都甭想靠近它们。它们把脑袋搁到翅膀下面，缩起一条腿，安安静静地睡觉。

它们没什么好担心的，因为它们有站岗放哨的。在雁群的每一边都站着一头老雁，它不睡觉也不打盹儿，而是警惕地注视着四方。不妨打它们一个措手不及！

一条狗来到了岸上，放哨的雁马上伸长了脖子。它们在观察狗打算做什么。

猎狗在岸上跑来跑去，一会儿到这边，一会儿到那边。它在沙滩上捡着什么，对大雁毫不在意。

没什么好疑神疑鬼的。可那几只大雁心里好奇：它老是前前后后地转来转去干吗？应该再靠近些瞅瞅……

放哨的一只雁开始摇摇摆摆地向水里走去，然后就游了起来。水波的轻轻拍打声还惊醒了三四只大雁，它们也看见了猎狗，也向岸边游去。

凑近了，它们才看明白。从一大块岩石后面飞出一个个小面包团，有的飞向这边，有的飞向那边，都落在了沙滩上。狗儿摇着尾巴追逐着面包团。

打哪儿来的面包团？

在岩石后面的又是谁？

几只大雁越靠越近，直向着岸边贴近，把脖子伸得长长的，竭力想看得清楚些……从岩石后面跳出来的猎人，用准确的射击，使它们好奇的脑袋一下子栽进了水里。

六条腿的马

一群大雁正在田野里觅食，吃得肥肥壮壮。整个雁群都在饱餐美食，放哨的几只则站在四周警戒。它们不会让人或狗靠近。

远处的地里有马匹在走动。大雁并不害怕，因为它们都知道马是性情温和的食草动物，不会攻击鸟类。有一匹马一面揪食着又短又硬的麦茬儿，一面越来越近地向雁群走来。不过那又怎样呢，就算它走得很近了，雁群飞走不就得了吗！

这匹马有点儿怪。它有六条腿，一定是个怪胎……其中的四条腿和一般的马腿没什么两样，可是有两条腿却套在裤管里。

一只放哨的雁开始唝唝地发出警报。群雁从地里抬起了头。

马儿在徐徐靠近。

放哨的那只雁展翅飞了起来，飞去侦察动静。

从高处它看见马身后躲着一个人，手里握着枪。

"咯——咯——咯，唝——唝！"侦察员发出了逃跑的警报。

整个雁群一下子开始扇动翅膀，沉甸甸地飞离地面。

懊丧的猎人追着它们开了两枪，然而距离太远，霰弹够不着。

雁群得救了。

迎着挑战的号角

这段时间，每到晚上森林里就响起驼鹿挑战的响亮号角声：

"哪个不怕丢了自己的小命，就出来决斗吧！"

于是，一头老驼鹿从自己长满苔藓的栖息地站了起来。它那宽阔的双角长着13个新生的枝杈，它的身高有两米，体重达400千克。

谁敢向林中第一勇士发出挑战？

老驼鹿怒不可遏地迎着挑战的号角声迅步走去，把沉重的蹄子深深地陷入潮湿的苔藓里，冲折挡路的小树。

又传来了对手挑战的号角。

老驼鹿用可怕的怒吼做出回应，那吼声是如此可怕，使一群山鹬从白桦树上啪啪地飞离而去，胆小的兔子吓得从地面上高高地蹦了起来，没命地逃进了密林。

"谁敢！……"

热血模糊了双眼，老驼鹿不管前方是否有路，直向对手冲去。树木稀疏起来，这里就是林间空地！

它猛地从树间冲了出去——要用双角去抵撞，用自己沉重的身躯去挤压，从而把敌手打垮，再用自己尖锐的蹄子践踏敌人的身体。

只是当枪声响起的时候，老驼鹿才发现树后面带枪的人和挂在他腰间的大号角。

驼鹿迅速向密林中跑去，因为虚弱而摇晃着身子，伤口淌着鲜血。

本报特派记者

猎人出行

和往常一样，报纸上公告10月15日开始对野兔进行捕猎。

又像8月初那样，火车站挤满了一群群猎人。他们仍然带着狗，有些人甚至一条皮带上拴着两条或更多的狗。不过，这已经不是猎人夏季出猎时带的狗——不是追踪野禽的猎狗。

这些狗高大健壮，长着挺拔的长腿、沉甸甸的脑袋和一张像狼似的嘴，粗硬的皮毛什么样的颜色都有：黑色的、灰色的、棕色的、黄色的，还有紫红色的；有黑花斑的、黄花斑的、紫红花斑的，还有黄色、棕色、紫色中带着一块黑毛的。

这是些善跑的猎犬，有公的，也有母的。它们的工作是根据足迹找到野兽，把它从栖身之地赶出来，再吠叫着用声音不断地驱赶它，让猎人知道野兽往哪儿走，绕什么样的圈儿。然后猎人站在野兽必经之路上，好迎面给它一枪。

在城市里养这么大型而性格暴躁的狗，是很难做到的。许多人出门干脆就不带狗。我们的猎队也一样。

我们乘火车去找塞索伊·塞索伊奇一起围猎野兔。

我们一共12个人，所以占据了车厢内的三个分格。所有的乘客带着惊疑的表情看着我们的一个伙伴，笑眯眯地彼此窃窃私语。

确实有值得注意的理由，我们的这个伙伴是个大个子。他太胖了，有些门甚至走不过去。他体重150千克。

他不是猎人，但医生嘱咐他多走路。他是射击的一把好手，在靶场里他的射击成绩超过我们每个人。于是为了培养对走路的兴趣，他就跟着我们来打猎了。

围　猎

　　傍晚，塞索伊·塞索伊奇在一个林区小车站接我们。我们在他家里宿夜，天刚亮就出发去打猎了。塞索伊·塞索伊奇约了20个农庄庄员来呐喊驱兽，我们闹闹嚷嚷的一大群人一起走着 。

　　我们在林边停了下来。我把写有号码搓成卷儿的一张张小纸片放进帽子里。我们12个射手，每个人依次来抓阄，谁抓着几号就是几号。

　　呐喊的人离开我们去往森林的那一边。塞索伊·塞索伊奇开始按号码把我们分布在宽广的林间通道上。

　　我抓到的是六号，胖子抓到了七号。塞索伊·塞索伊奇向我指点了我站立的位置后，就向新手交代围猎的规则：不能顺着射击路线的方向开枪，那样会打中相邻的射手；呐喊声接近时要中止射击；狍（páo）子不可打，因为是禁猎对象；等待信号。

　　胖子号码所在的位置离我大约60步。猎兔和猎熊不一样，现在就是把射手间的距离设在150步也可以。现在塞索伊·塞索伊奇在射击路线上毫无顾忌地大声说话，他教训胖子的那些话我都能听见：

　　"你干吗往树丛里钻？这样开枪不方便。你要站在树丛边，就是这儿。兔子是在低处看的。您那两条腿——请原谅——就像您的胖身体。您要把它们分得开些，道理很简单，兔子会把它们当成树墩儿。"

　　分布好射手后，塞索伊·塞索伊奇跳上马，到森林的那一边去布置呐喊的人。

　　离行动开始还要等好久，我就四下里观察起来。

　　在我前方大约40步的地方，像墙壁一样耸立着落尽树叶的赤杨和山杨，树叶半落的白桦和黑油油、枝繁叶茂的云杉混杂在一起。也许从那里的树林深处，不久会有一只兔子穿过挺拔交错的树干组成的树阵，向我正面冲来。如果很走运的话，正好有一只森林巨鸟——雄松鸡大驾光临。我会不会错失良机呢？

时光的流逝慢得像蜗牛爬行。胖子的自我感觉怎么样？

他把身体重心在两条腿上来回转移，大概他想把分开的双腿，站得更像两个树墩……

突然，在寂静的森林后边响起了两声清晰洪亮而悠长的猎人号角，那是塞索伊·塞索伊奇在指挥呐喊人排列的阵线朝我们这儿推进。他正在发信号。

胖子把两条胳膊整个儿抬了起来，双筒猎枪在他手里就如一根细细的拐杖。接着，他就僵滞不动了。

怪人！还早得很呢，他就摆起了姿势，手臂会疲劳的。

还听不见呐喊人的声音。

但是，这时已经有人开枪了——枪声来自右方，沿着排列的阵线传来，后来从左方又传来两声枪响。已经开始打枪了！可我这儿还什么动静也没有。

这时，胖子的双筒枪连发了两枪——乓！乓！这是对着黑琴鸡打的。它们在很高的地方飞，开枪也是白搭。

已经能听到呐喊人不太响的呼喊，用木棒敲击树干的声音。以及从两侧传来哐啷哐啷的声音……但是，仍然没有任何动物向我飞来，也没有任何动物向我跑来！

到底来了！一样带点灰色的白东西在树干后面闪动——是一只还没有褪尽颜色的雪兔。

这是属于我的！哎呀，见鬼，它拐弯了！冲着胖子跳了过去……嗨，还磨蹭什么？打枪呀，打呀！

乓！

落空了！……

雪兔一个劲儿地直冲他跑去。

乓！

从兔子身上飞下一块白色的东西。丧魂落魄的兔子冲到了胖子树墩一般的两条腿之间。胖子的腿一下子移了过去……

难道他要用腿去抓兔子？

雪兔滑了过去，胖子整个巨大的身躯平扑到了地上。

我笑得合不拢嘴。透过盈眶的泪珠，我一下子见到了两只从林子里出来跳到我前方的雪兔，但是我无法开枪。兔子沿着射击路线的方向溜进了森林。

胖子缓缓地跪着抬起身子，站了起来。他向我伸出大手，拿着一团毛茸茸的白色东西给我看。

我对他大声说：

"您没摔坏吧？"

"没事。毕竟还是从兔子身上拽下了一个尾巴！"

怪人！

枪声停止了。呐喊的人走出了森林，大家向胖子的方向走去。

"他站起来了吧，大叔？"

"站是站起来了，你看看他的肚子！"

"想着都叫你惊奇，这么胖！看样子他把周围所有的野味都塞进自己衣服里了，所以才这么胖。"

可怜的射手！以后在城里，在我们的靶场里，谁还会相信这个射手呢？

不过，塞索伊·塞索伊奇已经在催促我们到新的地点——田野去围猎了。

我们这一群闹闹嚷嚷的人沿着林间道路踏上归程。我们后面走着一辆马拉的大车，上面装着两次围猎所获的猎物，胖子也在车上。他累了，需要歇息了。

猎人们毫不留情地奚落他，不停地对他冷嘲热讽。

突然在森林上空，从道路拐角处出现了一只黑色大鸟，个头儿抵得上两只黑琴鸡。它直接沿着道路飞过我们头顶。

大家都从肩头卸下了猎枪，森林里响起了惊天动地的激烈枪声。每个人都急于用匆促的射击打下这只罕见的猎物。

黑鸟还在飞。它已飞到大车的上空。

胖子也举起了枪。双筒枪在他的双臂上犹如一根拐杖。

他开了枪。

这时，大家看到：大黑鸟在空中令人难以置信地收拢了翅膀，飞行猛然中止，像一块木头一样从高空坠到路上。

"嘿，有两下子！"猎人中有人发出了惊叹，"看来他是打枪的好手。"

我们这些猎人都很尴尬，没有吭声。因为大家都开了枪，谁都看见了……

胖子捡起了雄松鸡——森林中长胡子的老公鸡，它的重量超过兔子。他拿着的猎物是我们中每个人都乐意用今天自己所有的猎物来换的。

对胖子的嘲笑结束了。大家甚至忘记了他用双腿抓兔子的情景。

成长启示

从"胖子"用双腿抓兔子到用猎枪打落雄松鸡，周围猎人对他的态度出现了极大的反差，从七嘴八舌地嘲讽到不由自主地惊叹，这种转变更加凸显了他们的尴尬。在生活中，会有很多与我们不同的人或异于常规的事，但生命的多彩就体现在这里，世界也因这些不同而充满更多的可能性。

要点思考

1. 在秋一月有哪些动物参与了狩猎？
2. 请你从"狩猎纪事"中选择一个自己感兴趣的故事进行续写。

天南地北

无线电通报

请注意！请注意！

列宁格勒广播电台

《森林报》编辑部。

今天是9月22日，秋分。我们继续播送来自我国各地的无线电通报。

我们向冻土带和原始森林、沙漠和高山、草原和海洋呼叫。

请告诉我们，现在，正当清秋时节，你们那里正在发生什么事？

请收听！请收听！

亚马尔半岛冻土带广播电台

我们这儿所有活动都结束了。山崖上，夏季还是熙熙攘攘的鸟类聚集地，如今再也听不到大呼小叫和尖声啾唧。那一伙鸣声悠扬的小鸟已经从我们这儿飞走，大雁、野鸭、海鸥和乌鸦也飞走了。这里一片寂静，只是偶尔传来可怕的骨头碰撞的声音，那是公鹿在用角打斗。

清晨的严寒在8月份的时候就已经开始了。现在，所有水面都已封冻。捕鱼的帆船和机动船早已驶离。轮船还留在这里——沉重的破冰船在坚硬的冰原上艰难地为它们开辟前进的航道。

白昼越来越短，夜晚显得漫长、黑暗和寒冷。空中飘着雪花。

乌拉尔原始森林广播电台

一批批来客我们迎来了，送走了，又迎来了，又送走了。我们迎来了会唱歌的鸣禽、野鸭、大雁，它们从北方，从冻土带飞来我们这里。它们飞经我们这里，逗留的时间不长，今天有一群停下来休息、觅食，明天你一看，它们已经不在了。夜间它们已经不慌不忙地上路，继续前进了。

我们正为在这儿度夏的鸟类送行。这儿的候鸟大部分都已出发，跟随正在离去的太阳走上遥远的秋季旅程——去往温暖之乡过冬。

风儿从白桦、山杨、花楸树上刮落发黄、发红的树叶。落叶松呈现出一片金黄，它们柔软的针叶失去了绿油油的光泽。每天傍晚，原始森林中笨重的美髯公松鸡便飞上落叶松的枝头，黑魆魆（xū）地停在柔软的金黄色针叶丛里，将采食的针叶填满自己的嗉囊。花尾榛鸡在黑暗的云杉叶丛间婉转啼鸣。许多红肚皮的雄灰雀和灰色的雌灰雀、马林果色的松雀、红脑袋的白腰朱顶雀、角百灵出现了。这些鸟儿也是从北方飞来的，不过不再继续南飞了，它们在这儿过得挺舒坦的。

田野变得空空荡荡，在晴朗的日子，在依稀感觉得到的微风的吹拂下，我们头顶上方飘扬着一根根纤细的蛛丝。到处都有开着花儿的二色堇，在灌木卫矛的树丛上，挂着像一盏盏中国灯笼似的美丽殷红的果实。

我们刚刚结束挖土豆的工作，在菜地里收起最后一茬蔬菜——大白菜。我们把大白菜储藏在地窖准备过冬。在原始森林里，我们采集雪松的松子。

小兽们也不甘心落在我们后面。生活在地里的小松鼠——长着一根细尾巴、背部有五道鲜明的黑色斑纹的花鼠，往安在树桩下的洞穴里搬进许多雪松松子；从菜园里偷取许多葵花子，把自己的仓库囤得满满当当。红棕色的松鼠把蘑菇放在树枝上晾干，身上换上了浅蓝色毛皮。长尾林鼠、短尾田鼠、水䶄（píng）都用形形色色的谷粒囤满自己的地下粮库。身上有花斑的林中星鸦也把坚果拖来藏在树洞里或树根下，好在艰难的日子里糊口。

熊为自己物色了做洞穴的地方，用爪子在云杉树上剥下内皮，作为自己的卧具（睡觉时用的东西）。

所有动物都在做越冬准备，大家都在过着日常的劳动生活。

沙漠广播电台

我们这儿和春天一样，还是一派节日景象，生活过得热火朝天。

难熬的酷暑已经消退，下了几场雨，空气清新，远方景物清晰可见。草儿重新披上了翠绿，为逃避致命的夏季烈日而躲藏起来的动物又现了身影。

甲虫、苍蝇、蜘蛛从土里爬了出来。爪子纤细的黄鼠爬出了深邃的洞穴，跳鼠仿佛小巧的袋鼠，拖着很长很长的尾巴跳跃着前进。从夏眠中苏醒的草原红沙蛇又在捕食跳鼠了。沙漠里还出现了不知从哪儿来的猫头鹰、草原狐、沙狐和沙猫。健步如飞的羚羊也跑到了这里，这里有体态匀称、黑尾巴的鹅喉羚，有鼻梁凸起的高鼻羚，还飞来了各种鸟儿。

又像春季一样，沙漠不再是沙漠，上面满是绿色植物，生机勃勃。

我们仍继续进行着征服沙漠的斗争。数百数千公顷（1公顷＝0.01平方千米）土地将被防护林带覆盖。森林将保护耕地免遭沙漠热风的侵袭，并将流沙制服。

世界屋脊广播电台

我们帕米尔的山岭是如此高峻，有世界屋脊（现"世界屋脊"一般特指青藏高原）之称。这里有高达7000米以上的山峰，直耸云霄。

在我国，常有一下子既是夏季又是冬季的地方。夏季在山下，冬季在山上。

可现在秋季到了。冬季开始从山顶、从云端下移，逼迫自己面前的生灵也自上而下转移。

最先从位于难以攀登的寒冷峭壁上的栖息地向下转移的是野山羊。它们在那里再也啃不到任何食物了，因为所有植物都被埋到雪下冻死了。

野绵羊也开始从自己的牧场向山下转移。

肥胖的旱獭也从高山草甸上消失了，可是夏天的时候，它们的数量是那么多。它们退到了地下。它们储存了越冬的食物，已吃得膘肥体壮，这时便钻进了洞穴，用草把洞口堵得严严实实。

鹿、狍子沿山坡下到了更低的地方。野猪在胡桃树、黄连木和野杏树的林子里觅食。

山下的谷地里，幽深的峡谷里，突然间冒出了夏季在这里永远见不到的各种鸟类：角百灵、烟灰色的高山黄鹀（wú）、红尾鸲（qú）、神秘的蓝色鸟儿——高山鸫鸟。

如今一群群飞鸟从遥远的北国飞来这里，来到温暖之乡——有各种丰富食物的地方。

我们这儿，山下现在经常下雨。随着每一场连绵秋雨的降临，可以看出冬季正在越来越往下地向我们走来，山上已经大雪纷飞了。

田间正在采摘棉花，果园里正在采摘各种水果，山坡上正在收采胡桃。

一道道山口已盖满了难以通行的深厚积雪。

乌克兰草原广播电台

在匀整、平坦、被太阳晒得干枯的草原上，一个个生气蓬勃的圆球蹦蹦跳跳地飞速滚动着。它们飞到了你眼前，将你团团围住，砸到了你的双脚，但是一点儿也不痛，因为它们很轻。其实这些根本不是球，而是一种圆球形的草，是一根根向四面八方伸展的枯茎组成的球形物。就这样，它们蹦跳着飞速经过所有的土墩和岩石，落到了小山的后面。

这是风儿从根部刮走的一丛丛风滚草的毛毛，推着它们像轮子一样不断地向前滚，驱赶着它们在整个草原游荡，它们也一路撒下自己的种子。

眼看着燥热的风在草原上的游荡不久也将停止。苏联人民旨在保护土地而种植的防护林带已经巍然挺立。它们拯救了我们的庄稼，使其免遭旱灾。引自伏尔加河－顿河运河（连接伏尔加河和顿河的通航运河，长101千米，1952年通航）的一条条灌溉渠已经修筑竣工。

现在，我们这儿正当狩猎的最好季节。在沼泽地和水上生活的形形色色的野禽多得像乌云一样——有土生土长的，也有路经这里的，挤满了草原湖泊的芦苇荡。而在小山沟和未经刈（yì）割的草地里，密密麻麻地聚集着一群小小的肥壮鹌鹑。草原上还有很多兔子——尽是硕大的棕红色灰兔（我们这儿没有雪兔），还有很多狐狸和狼！只要你愿意，就端起猎枪打！只要你愿意，就把猎狗放出去！

城里的集市上有堆得像山一样的西瓜、甜瓜、苹果、梨和李子。

请收听！请收听！

大洋广播电台

现在我们正在北冰洋的冰原之间航行，经过亚洲和美洲之间的海峡进入太平洋，最好还是说驶入大洋。现在在白令海峡，然后是鄂霍次克海，我们开始经常遇见鲸。

世上竟有如此令人惊讶的野兽！你只消想一想：多大的身躯，多大的体重，多大的力量！

我们见到了一头被拖上一艘巨大捕鲸船甲板的鲸——一头长须鲸。它身长21米，得把六头大象彼此首尾相接排成一行才抵得上！它的嘴里容得下连桨手在内的整条小船。

它的一颗心脏重达148千克，重量抵得上两个成年男人。它的总重量是55 000千克，也就是55吨。

如果把这头野兽放到天平一头的秤盘上，那么另一头的秤盘上就能爬上1000个人——男人、女人和儿童都上去，也许这样还不够。要知道，这头鲸还不是最大的。蓝鲸一般长达33米，重量超过100吨……

鲸的力量非常大，曾有一头被鱼镖刺中的鲸拖着扎住它的捕鲸船一连游了几昼夜，更糟糕的是它钻到了水下，捕鲸船也跟着被强行拖走。

这是以前发生的事了……现在已经是另一码事了。我们难以相信横卧在我们面前的这头巨型怪物拥有如此可怕的力量，小山似的一个有生命的肉体，几乎在瞬间就被我们的捕鲸手杀死了。

在不久以前，捕鲸还是用渔船上抛出的短矛——鱼镖来完成的。它是由站在船头的水手用手抛向鲸的。后来，开始从轮船上发射装有鱼镖的大炮来捕鲸。鱼镖惊扰了这头鲸，不过置它于死地的不是铁器，而是电流。鱼镖上拴着两根连接船上直流发电机的导线，在鱼镖像针一样扎进其巨大躯体的瞬间，两根导线连通，发生了短路，于是强大的电流击中了鲸鱼。

巨兽一阵颤抖，两分钟之后便一命呜呼了。

我们在白令岛旁边发现了黄貂鱼，在梅德内岛附近发现了和自己的孩子戏耍的海獭——大型的海生水獭。这些提供非常珍贵毛皮的野兽几乎被日本和沙皇时代的贪婪之徒捕尽杀绝，而在苏维埃政权下受到了法律极为严格的保护。如今，它们在这儿的数量正迅速增加。

在堪察加半岛的海边，我们见到个头儿与海象一样巨大的北海狮。

但是自从看过鲸以后，所有这些动物在我们眼里就显得微不足道了。

现在已是秋季，鲸正离开我们游向热带温暖的水域。它们将在那里产下自己的幼崽。明年母鲸将带着自己的幼鲸回到我们这里，回到我国太平洋和北冰洋的水域，它们吃奶的幼鲸个头儿比两头奶牛还大。

我们对它们碰也不会去碰一下。

我们来自全国各地的无线电通报到此结束。

我们的下一次，也是最后一次通报在12月22日。

阅读链接

大 洋

上文中提到的"大洋"在俄文中按字面翻译就是"伟大的海洋"或"大洋"，需要大写，属专有名词。译者手头的各种俄文原版工具书对该词的解释均为"见太平洋"，可见该词在俄文中是"太平洋"的另一表达方式。由于同一句子中同一事物出现了两次，故在翻译中同时使用了"大洋"和"太平洋"，以示区别。航海家麦哲伦及船队在其整个航行途中十分艰难，唯独经过太平洋海域时风平浪静，船队因此称这片海域为"太平洋"。

射靶：竞赛七

1. 秋季始于哪一天（参考《森林报·春》中的森林年历）？

2. 什么动物在秋季落叶时节还在产崽？

3. 哪些树的叶子在秋季变红？

4. 是否所有的候鸟都在秋季离开我们飞向南方？

5. 为什么老的公驼鹿被叫作"枝形角兽"？

6. 集体农庄的庄员把禾垛围起来防备什么野兽？

7. 什么鸟儿在春天里唠叨"买了外衣卖皮袄"，而在秋天唠叨"卖了外套买皮袄"？

8. 这里画着两种不同的鸟儿在泥地上留下的脚印。其中一种鸟儿住在树上，另一种生活在地上。如何根据足迹判断它们是什么鸟儿，各在何处生活？

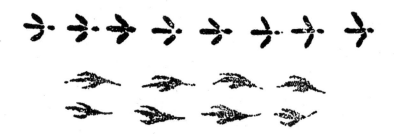

9. 哪一种向鸟儿射击的方法更准确？是"直撞枪口"（也就是鸟儿飞来的方向正对枪口），还是"追打"（也就是枪口对着鸟儿飞走的方向）？

10. 如果乌鸦在森林里某一处的上空哇哇叫着盘旋，这意味着什么？

11. 为什么一个好猎人从来不向母的山鹑和松鸡开枪？

12. 这里画的是哪一种动物前趾的骨骼？

13. 蝴蝶秋季在何处安身？

14. 太阳下山以后，猎人射击野鸭时面朝何方？

15. 什么情况下人们这样说鸟儿：飞到海的对面去找死？

16. 心里猜着谜，挥手撒向地，放下今年的，产出明年的。（谜语）

17. 年轻的马儿跑向海那边，黑黑的背脊，白白的肚皮。（谜语）

18. 坐着的时候绿绿的，飞行的时候黄黄的，落地的时候黑黑的。（谜语）

19. 长长细细，消失在草丛里。（谜语）

20. 一身灰色牙齿尖，奔来跑去在荒原，寻找小牛和孩子做美餐。（谜语）

21. 小小的偷儿把灰色皮袄穿，在田野地头到处蹿，忙忙碌碌把食捡。（谜语）

22. 松林高地小老头儿，褐色帽子戴上头。（谜语）

23. 包在皮里没有用，脱去外皮都有用。（谜语）

24. 自己不想拿，乌鸦想要偏不给。（谜语）

公告："火眼金睛"称号竞赛（六）

请赶快将无人照看的小兔子养起来

现在，在森林和田野里还可以用双手捉住小兔子，因为它们的脚还短，跑得不太快。应当用牛奶喂它们，用鲜菜叶和其他蔬菜驯养它们。

提 醒

饲养小兔子会使你们不再感到寂寞无聊，所有兔子都是极好的鼓手。白天小兔子安安静静地待在箱子里，可到了夜里，只要它用爪子一敲打箱壁，准保你会醒过来！要知道兔子是夜游的动物。

请把窝棚搭起来

　　请在河边、湖边和海边搭起窝棚。在早霞和晚霞升起的时候钻进窝棚里，静静地在里面待着。守在窝棚里，在候鸟迁徙的季节可以看见许多有趣的事情：野鸭从水里爬出来，待在岸上，距离是那么近，甚至可以看清每一片羽毛；鹬在四周穿梭往来；潜水鸟在不远处一面扎猛子，一面游来游去；苍鹭飞来这里，停在旁边。你还能见到夏季我们这里不常见的各种鸟类。

捕鸟人，到森林里去，花园里去

　　请在树上挂上灵巧的捕鸟器，清理好小平台——放置网夹和网的地方。现在正是捕捉鸣禽的时节。

谁到过这里？

图1

乡村的一个池塘里并没有饲养家鸭。可是当人们熟睡的时候，野鸭会不会光顾这里？何以见得？

图2

林间路上的水洼边有动物走过，留下了十字形脚印和小圆点儿。这是什么动物呢？

图3

森林里有两棵被啃光叶子的山杨，但是啃过后的样子不同。是谁做的坏事？谁到过这里？

图4

有一种动物想出了一个办法，从肚子开始把刺猬整个吃了，把皮丢在了这里。是什么动物？

哥伦布俱乐部：第七月

本地老住户的来信 / 神秘消失的湖泊 / 紧急出差 / 地狱般美洲的秘密 / 物理定律 / 赏心悦目的美景

没等少年哥伦布们很好地熟悉学校生活，就有一封来自"神秘乡"的信件送到他们手中。收到信的是科尔克，于是他立马向俱乐部的成员宣读：

亲爱的科尔克：

你曾请求我告诉你我们这一带以后发生的事，我现在就向你报告一个新闻：你们都熟悉的普罗尔瓦湖消失了！晚上它还在，可是早上大伙儿一起床——湖没了，消失了！我们整个合作小组曾经乘船去那里的一片孤林给蜜蜂分群，可如今我驾着农庄的大车去那里砍柴，因为湖完全干了。自从没有了水，普罗尔瓦湖里便露出了大大小小的鱼儿。

孩子们直接用手去捡。狗鱼、鲈鱼、雅罗鱼多得不得了，我自己也捡了三桶。可聪明的大鱼从一大早起就没有了，不知去了哪儿！

普罗尔瓦湖消失已经整整四天，却不见它回来。老人们说也许再也回不来了，看样子是过冬去了。听说雅玛湖和雅玛河也消失了，还有周围那些小湖也一样。听说是米涅耶沃村后面的大湖卡拉博日亚对所有湖泊下了撤退令，听说那个湖很大很大。

暂时还没有别的新闻。

向大家还有小姑娘们问好。

永远是你们所熟悉的本地人
伊凡·布贝里

等待你的回信，就如夜莺等待夏天一样。

"这就对了，这是块神秘莫测的土地！"雷摊摊双手说，"怎么会这样呢？没多久前大伙儿还乘船在湖上划来划去呢，没多久前老海狼还差点儿在湖里淹死呢。怎么一夜之间湖突然消失了，不见了，跟本来就不存在似的！而且在湖底可以走马车。湖到哪儿去了呢？神秘莫测……"

萨戛·捷焦尔金——刚加入俱乐部的一个六年级学生，挺有把握地说：

"我是这么认为的，这儿有奥秘！首先是太阳晒干了湖水，也就是蒸发了。湖水蒸发，变成了云，就在空中消失了。"

安德向他解释说，湖水不可能这么快就蒸发干净。况且普罗尔瓦湖是在夜里消失的，在这种情况下可没有任何阳光。

帕甫正经八百地宣称：

"我想这里综合了各种复杂的现象。我们得……嗯……到明年夏天解开这个谜——把各种专业知识联系起来考虑。"

"干吗要'明年夏天'！"科尔克急了，"趁湖里没水，要立刻对湖泊进行考察。塔里-金，您为我和安德还有沃夫克去校长那儿请三天假。我们得赶到那儿去。您派我们出差去科考——研究消失的湖泊。四天以后，也就是星期天，秘密就能揭开了！"

塔里-金同意向校长请假，于是第二天晚上，少年哥伦布们就动身紧急出差了。和他们同行的还有拉甫，因为他非常想看看诺夫哥罗德秋季的森林和他家乡乌拉尔的针叶林是否相似。拉甫出生在丘索瓦亚河畔。

9月20日，也就是秋分前后，少年哥伦布俱乐部的全体成员都集合在了一起。在议事日程上写着唯一的问题：普罗尔瓦湖在"神秘乡"消失的原因。

作为考察队中有声望的成员，安德开始报告，尽管四名成员全是十年级学生。

"整体的景象是这样：出现在我们眼前的普罗尔瓦湖是一个不深的盘子状凹地，从它底部耸立起两座柱状岛屿，上面长满了树木。

湖里的水确实消失了，或者按当地的说法，不见了。只有在干涸凹地的东部，一处向下深陷的地方，还有一个大水洼——按诺夫哥罗德的方言叫作'勒瓦'。原来那里有一个裂口，或者叫落水洞，也就是塌陷口，湖水就是从那里溜走的。我们一下子明白了，我们和所谓的喀斯特现象打上了交道。"

"什么，什么？"萨戛急切地问道，"什么现象？"

"您要我怎么表述，"安德笑眯眯地说道，"按科学的方式还是通俗的方式？"

"不言而喻，按科学的方式表述，"胖子帕甫一本正经地说，"咱们不是小孩儿了。"

"那好，"安德表示赞同，便开始宣读文稿，"《大百科全书》里是这么写的：'喀斯特现象是产生于被水溶蚀的岩石中的一种现象，该现象与后者被溶蚀的化学反应有关。表现为由可溶性岩石分布区地面和地底深处独特的形式和特性，以及地下水、河网、湖泊的循环所形成的综合现象。'懂了吗？"

"我是小孩儿，"米说道，"我不懂。请不要说'后者'和'综合现象'之类的话。"说着，米对萨戛温和地眨了眨眼，后者紧蹙着眉头，露出丧气的表情在听着，虽然他听得很努力，但是一点儿也听不懂。

"我来说吧，"沃夫克当即自告奋勇地说，"简单地说，西说的是对的：米、西和科尔克之前过夜的那个地下通道，是一只水怪为了到另一只水怪家里做客而打通的。位于土壤下面石灰质地层的普罗尔瓦湖冲出了这个洞穴，当深深的卡拉博日亚湖的水位下降时，和它相连通的普罗尔瓦湖的湖水就通过这个洞穴流进了那里。这里有一个连通器的原理，记得物理学里讲的吗？所以我特意画了这些线条。所有像盘子一样的小湖，像普罗尔瓦湖呀，雅玛湖呀，都和深得像钵子一样的大湖卡拉博日亚相连通，水就那样溜走了。现在就什么都一目了然了。你明白了吗，萨戛？"

"像早晨一样清楚明了！"萨戛和米一起仔细看着沃夫克画的线条说。画家西立马用铅笔画了用橡皮管彼此连通的几只盘子和一只钵子，也出示给大家看。

"有的地方，"沃夫克接着说道，"水突然从上面冲刷出深洞和地下岩溶通道，构成漏斗洞、竖井、落水洞。科尔克、米和西之前就是对着这样的一个落水洞喊出'哇！'的一声的。从某种角度说，这是一个陷阱，一个捕捉青蛙、蛇、蟾蜍（也叫癞蛤蟆）、兔子和别的野兽的'狼阱'。它们滑落到下面，就无法沿着陡直泥泞的洞壁从地下爬出来，于是就死在了里面。"

"那就是说，那仍然是一头狼！"西大声说，"那些可怕的红绿色磷光是它不祥的眼睛发出来的！它为什么没有向我们身上扑？"

"也许因为它是一只狐狸，"安德平静地说，"在乌京卡河里有一个陷入其中的洞穴，按当地人的说法是普罗尔瓦湖水冲出来的，我们在那里看到卡在沉底的灌木丛中的一只瘦得不能再瘦的狐狸尸体，真是瘦成皮包骨了，可以看出它在死前饿了很久。它应该也是通过这个洞穴掉进了地下通道，然后水流把它冲进了乌京卡河。在黑暗中，你得把狐狸的眼睛和狼的眼睛分辨清楚。"

"所以，"米若有所思地做了总结，"我们夏季谜一般可怕的历险可以认为已彻底地得到了解释。那一夜我们沉湎于对这'神秘乡'地质的过去的探索。而我是在这次历险中唯一受苦的——我很高兴，因为是我的脚首先踏上这地狱般美洲的土地。"

"瓦尼亚特卡·普贝里，"拉甫告诉大家说，"把我们带到了在雅玛湖畔出生的90岁的老婆婆费什卡身边。她记得80年前，有一次在仲冬时节雅玛湖消失了。这就是当时的情景！费什卡那时是个小女孩儿。她带着两只桶去汲水，可是水——没有了！她下到冰窟窿里——那里是一座神奇的宫殿——银白色的屋顶寒光闪闪，五光十色。底部有鱼儿在飞快地游动，因为水洼里仍然有少量的水。水下的王国就跟童话里一样！真是美不胜收！"

"那你对诺夫哥罗德的森林印象如何？"西问道，"像你那秋天的乌拉尔针叶林吗？"

"确确实实一个样！也像普希金诗里所写的'赏心悦目的美景'！望着这儿的秋季丛林，我想到了我们那儿色彩丰富的针叶林。"

"你写过什么赞美它的诗句吗？"

"这就是我写的诗。"说着，拉甫就吟了起来：

赏心悦目的美景

仿佛朝霞布满了天空，
层林燃着火焰般的光芒。
深红、暗绿、铁锈红，
缤纷的色彩吸引我赞叹的目光。
如画美景令人欣喜若狂，
纵无铃兰的温柔、玫瑰的芳香，
也无蓝色矢车菊的抚慰，
但是山杨和白桦鲜红的霜叶，
恰似四射的喷泉、招展的旗帜，
请理解它们狂热的嬉戏！
圆圆的泪珠是花楸的串串浆果，
在风中摇曳，鲜红如火。
听不见鸟儿的歌声，
也没有惊雷的轰鸣，
森林在怀抱中默默无言，
却闪耀着自燃的冷冷火焰。
秋季的盛宴是不朽的保障，
须知此时的死亡无非是一枕黄粱。
人们呵！请相信，信心要坚，
盛大葬礼上的承诺很庄严！
神秘的云杉不会平白无故，
创造出幽深的丛林，
还将它变得更为黑暗阴森：
它们的针叶里隐藏着新春。
"一切都会过去——无论母亲还是青春"，
但是请坚信此地没有死神。

那明媚的春光，

定给你带回青春的欢畅。

（待续）

阅读链接

喀斯特现象

文中的《大百科全书》里出现的喀斯特现象在中国也叫岩溶现象，是天然水对可溶岩的化学溶蚀、迁移与再沉积作用的过程及其产生的一种地质现象，其特点是有典型的地下地形（溶洞、落水洞、天然竖井）和地表地形（溶斗等），此外还有地下水、河网、湖泊的独特循环。

仓满粮足月
（秋二月）

10 月 21 日至 11 月 20 日　　太阳进入天蝎星座

一年——分 12 个月谱写的太阳诗章

　　10 月是落叶、泥泞、准备越冬的时节。

　　扫荡残叶的秋风刮尽了林木上最后的枯枝败叶。秋雨绵绵，停栖在围墙上的一只湿漉漉的乌鸦感到寂寞无聊，它也很快要踏上旅途。在这儿度过夏天的灰色乌鸦已在不知不觉中成群结队地向南方迁徙，同样在不知不觉中取代它们的是在北方出生的乌鸦。原来乌鸦也是一种候鸟。在遥远的北方，乌鸦是最先飞临的候鸟，犹如我们这儿的白嘴鸦，又是最后飞离的候鸟。

　　秋季在做完第一件事——给森林脱去衣装以后，就着手做第二件事：将水冷却再冷却。每到早晨，水洼越来越频繁地被脆弱的薄冰覆盖。河水和空气一样，已经没有了生气。夏季在水面上显得鲜艳夺目的那些花朵，早就把自己的种子坠入水底，把自己长长的花柄伸到了水下。鱼儿钻进了河底的深坑里，在水不会结冰的地方过冬。长着柔软尾巴的蝾螈在水塘里度过了整个夏季，现在爬出水面，爬到旱地里，在树根下随便哪儿的苔藓里过冬。静止的水面已经结冰。

　　旱地的冷血动物也冷却了。昆虫、老鼠、蜘蛛、多足纲生物都不知在哪儿躲藏了起来。蛇钻进了干燥的坑里，彼此缠在一起，身体开始徐徐冷却。青蛙钻进了淤泥，小蜥蜴躲进了树墩上脱开的树皮里——在那里昏昏睡去……野兽呢，有的换上了暖和的毛皮大衣，有的在洞穴里构筑自己的粮仓，有的为自己营造洞天。都在做越冬的准备……

　　在阴雨连绵的秋季，室外有七种天气现象：细雨纷纷，微风轻拂，风折大树，天昏地暗，北风呼啸，大雨倾盆，雪花卷地。

10月的森林发生了一件奇妙的故事：仅仅出生两三个月的小杜鹃，从没有迁徙越冬的经历，竟然可以独自踏上旅途，在未来的日子里，它将迎接怎样的奇遇？让我们一起来看看！

林间纪事

准备越冬

严寒还没那么凶，可是马虎不得。一旦它降临，土地和河水刹那间就会结冰封冻。到那时，你上哪儿弄吃的去？你到哪儿去藏身？

森林里每一种动物都有自己准备越冬的办法。

有的到了一定时候张开翅膀远走高飞，避开了饥饿和寒冷；有的留在原地，抓紧时间充足自己的粮仓，贮备日后的食物。

尤其卖力搬运食物的是短尾巴的田鼠。许多田鼠直接在禾垛里或粮垛下面挖掘自己越冬的洞穴，每天夜里从那里偷窃谷物。

通向洞穴的通道有五六条，每一条通道都有自己的入口。地下有一个卧室，还有几个粮仓。

冬季，只有在最寒冷的时候，田鼠才开始冬眠，所以它们要储备大量的粮食。有些洞穴里已经贮存了四五千克的上等谷物。

小的啮齿动物在粮田里大肆偷窃，所以我们应当防止它们偷盗快到手的粮食。

越冬的小草

树木和多年生草本植物都做好了越冬准备。一些一年生的草本植物已经撒下了自己的种子。但是，并非所有一年生的草本植物都是以种子的形式越冬的。有些已经发芽。相当多的一年生杂草在重新锄松的菜地里已经发了芽。在光秃秃的黑土上，看得见叶边有缺口的荠菜叶丛，还有样子像荨麻的，毛茸茸的紫红色的野芝麻小叶子，细小而有香味的洋甘菊，三色堇，遏蓝菜，当然还有讨厌的繁缕。

所有这些小植物都做好了越冬的准备，在积雪下面生活到来年春季之前。

H．M．帕甫洛娃

哪种植物及时做了什么

一棵枝叶扶疏的椴树像一个浅棕红色的斑点，在雪地里十分显眼。棕红的颜色并非来自它的树叶，而是来自附着在果实上的翅状叶舌。椴树的大小枝头都挂满了这种翅状果实。

不过，这样装点起来的并非只有椴树一种植物。就说高大的树木山杨吧，在它上头挂了多少干燥的果实啊！细细长长、密密麻麻的一串串果实挂在枝头，犹如一串串豆荚。

但是，最美丽的恐怕要数花楸了。它上面到现在还保留着一串串沉甸甸的、鲜艳的浆果。在小檗（bò）这种灌木上面依然能看见它的浆果。

灌木卫矛上仍然点缀着迷人的果实，看起来和有着黄色花蕊的玫瑰色花朵一模一样。

现在，还有多少种树木没有来得及在冬季之前安排好自己的后代啊。

就连白桦树的枝头也还看得见它那干燥的柔荑花序，其中隐藏着翅状果实。

赤杨的黑色球果尚未落尽。但是，白桦和赤杨及时为春季的来临做好了准备——挂上了柔荑花序。但等春天来临，那些花序就伸展起来，推开鳞状小片儿，绽放出花朵。

榛树也有柔荑花序，粗粗的，灰褐色，每一根枝条上有两对。榛树上早就找不到榛子了。它什么都及时做好了，不仅和自己的子女告了别，还为迎接春天做好了准备。

H. M. 帕甫洛娃

贮存菜蔬

短耳朵的水䶄夏天在郊外避暑，住在河边。那里有它筑在地下的一间卧室。从卧室向下斜伸出一条通道，直达水边。

现在水䶄已经筑就了一个舒适温暖的越冬居室，居室远离水边，在有许多草丘的草甸上。地下有多条通道通往它的居室，长度有一百步或更长。

它的卧室里铺上了柔软温暖的干草，就在一个大草丘的下面。

仓库与卧室有特殊通道相连。

仓库里严格地按次序、按品种堆放着水䶄从田间地头偷来和搬来的谷物、豌豆、葱头、豆子和土豆。

松鼠的干燥场

松鼠从自己筑在树上的多个圆形窝里拨出一个用作仓库。它在

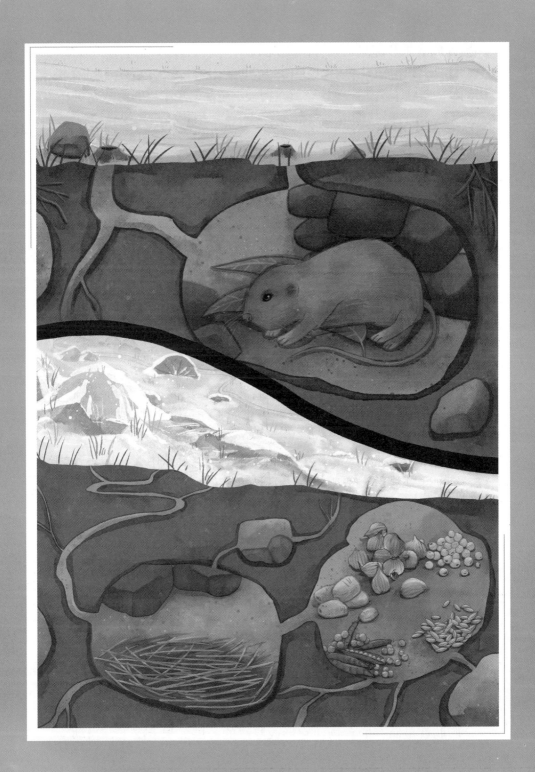

那里存放坚果和球果。

此外，松鼠还采蘑菇——牛肝菌和鳞皮牛肝菌。它把它们插在松树细细的断枝上风干。冬季它就在树枝上游荡，用干燥的蘑菇充饥。

活粮仓

姬蜂为自己的幼虫找到了极好的仓库。它有飞得很快的翅膀，有长在向上翘的触角下面的一双锐利的眼睛。很细的腰部分隔了它的胸部和腹部，在腹部末端有一根长长、直直、细细的像针一样的刺。

夏季，姬蜂找到一条大而肥的蝴蝶幼虫，就向它发起攻击，停到它身上，并把锐利的刺扎进它皮里。姬蜂用刺在幼虫身上开了一个小孔，并在这个小孔里产下自己的卵。

姬蜂飞走了，蝴蝶的幼虫不久也从惊吓中恢复了元气。它又开始吃树叶。到秋季来临，它就做个茧子把自己包起来，化作了蛹。

就在这时，在蛹的体内，蜂卵孵化成了幼虫。身居坚韧的茧内，幼虫感到温暖、安定，食物够它吃一年的了。

当夏季再度来临，蝶蛹的茧子打开了，但是从中飞出的不是蝴蝶，而是干瘦强健、身躯坚硬，身披黑、黄、红三色的姬蜂。这可是我们的朋友，因为它可以消灭害虫。

本身就是一座粮仓

许多野兽并不为自己修筑任何专门的粮仓。它们本身就是一座粮仓。

在秋季里它们不停地大吃大喝，吃得身胖体粗，肥得不能再肥，于是一切营养都在这里了。

脂肪就是储存的食物。它形成厚厚的一层沉积于皮下，当动物没有食物时，脂肪就渗透到血液里，犹如食物被肠壁吸收一样。血液则把营养带到全身。这么做的有熊、獾、蝙蝠和其他在整个冬季沉沉酣睡的所有大小兽类。它们把肚子塞得满满的，就去睡觉了。

而且它们的脂肪还能保暖，不让寒气透过。

小偷偷小偷贮存的食物

论狡猾和偷盗，森林里的长耳猫头鹰算得上是把好手，但是，森林里又出了个小偷，而且还牵着它的鼻子跑。

长耳猫头鹰的样子像雕鸮（xiāo），但是个头儿要小。它的嘴是钩形的，头上的羽毛向上竖着，眼球突出。无论夜间有多黑，这双眼睛什么都看得见，耳朵什么都听得见。

老鼠在干燥的叶丛里窸窣一响，猫头鹰就出现在旁边了。嚓！于是老鼠升到了空中。似乎是一只兔子一闪穿过了林间空地——黑夜里的盗匪已经来到它头顶。嚓！于是兔子就在利爪中挣扎了。

猫头鹰把猎获的一只只老鼠搬回自己的树洞里。它自己既不吃，也不让给别的猫头鹰吃：它要珍藏起来应付艰难的时日。

白天它待在树洞里守着贮备的食物，夜间就飞出去捕猎。它自己偶尔也回来一趟，看看东西是不是都在。

忽然，猫头鹰开始觉察，它的贮备似乎变少了。洞主眼睛很尖，它没学过数数，却凭眼睛提防着。

黑夜降临了，猫头鹰感到饥肠辘辘，便飞出去捕猎。

等它回来，一只老鼠也没有了！它发现树洞底部有一只身长和家鼠相仿的灰色小动物在蠕动。

它想用爪子抓它，可那家伙嗖的一下从小孔里钻了下去，在地上飞也似的跑着。在它的牙齿间叼着一只小老鼠。

猫头鹰跟着追过去，眼看要追上了，而且已经看清楚谁是小偷了，但是它害怕了，便没有去要回来。原来，小偷是一只凶猛的小兽——伶鼬。

伶鼬以劫掠为生，尽管是只个头儿很小的小兽，却极其勇猛灵巧，甚至敢和猫头鹰叫板。它用牙齿扎住对方胸脯，无论如何也不松口。

夏季又来临了吗？

有时寒气逼人，冷风刺骨，有时突然出了太阳，白天变得和煦宜人，一片安宁。这时，会令人突然间觉得夏季似乎又回来了。

鲜花从草丛下面露出了头，有黄色的蒲公英、报春花。蝴蝶在空中飞舞，一群群蚊子飞舞着打转，像一个个轻飘飘的小柱子。不知从什么地方跳出一只小小的鸟儿，它小巧活泼，在树根附近，尾巴一翘就唱了起来，歌声是那么热烈响亮！

一只姗姗来迟的棕柳莺从高高的云杉上传出哀怨而委婉的歌声，轻轻地、忧伤地，仿佛落入水中的一滴滴水滴"滴——滴——嗒！滴——滴——嗒！"

这时你会忘记：冬季已经不远了。

受了惊扰

池塘和住在里面的全部生灵都被冰封住了。突然又都解冻了。集体农庄庄员们决定对塘底稍稍清理一下。他们从塘里扒出一堆堆淤泥，就走了。

可太阳却一个劲儿地照着，烤着。从一堆堆淤泥里冒出了蒸汽。忽然淤泥动了起来，这时有一团淤泥跳离了泥堆，在那里滚动起来。这是怎么回事？

一个小泥团伸出了尾巴，在地上一颤一颤地抽搐着，然后就扑通一声跳回池塘，到了水里！它后面又有第二个、第三个。

另一些泥团伸出了小小的腿，开始跳离池塘。真是怪事！

其实这不是泥团，而是浑身粘满淤泥的鲫鱼和青蛙。

它们钻到池塘底部去过冬。农庄庄员们把它们和淤泥一起扔到了池塘外面。太阳烤暖了土堆——鲫鱼和青蛙就苏醒了。苏醒以后，它们就跳跃起来，鲫鱼跳回了池塘，青蛙则要为自己寻找一个更为安宁的地方，别让人再把它们从睡梦中抛出去。

于是，几十只青蛙仿佛约定了似的，都跳向了同一方向。它们所去的方向在打谷场和路的那一边，那里有另一个更大更深的池塘。它们已经来到了路边。

不过，秋日和煦的阳光是靠不住的。

阴沉沉的乌云把它遮住了。乌云下面刮起了凛冽的寒风。身上毫无遮蔽的小小旅行者们冻得受不了了。青蛙勉强地跳动着，最后直挺挺地躺下了，腿脚无法动弹了，血液凝固了。青蛙一下子冻死了。

青蛙再也不会跳跃了。

不管现在有多少只，它们通通冻死了。

无论它们有多少只，大家都脑袋向同一方向躺着——都向着大路那一边，那里有一个大池塘，里面充满了温暖、救命的淤泥。

红胸脯的小鸟

夏天有一次我在林子里走，听到稠密的草丛里有东西在跑。起先我吓得打了个哆嗦，接着开始仔细地四下张望。我发现，一只小鸟困在了草丛里。它个头儿不大，浑身是灰色的，胸脯是红色的。我捧起这只小鸟，就把它往家里带。我得到这只鸟儿太高兴了，连脚踩在哪儿都感觉不到。

在家里我给它喂了点儿东西，它吃了点儿，显得高兴起来。我给它做了个笼子，捉来小虫子喂它。整个秋季它都住在我家。

有一次我出去玩儿，没关好笼子，我的猫就把我的小鸟吃了。

我非常喜欢这只小鸟。我为此还哭了鼻子，但是又有什么办法呢！

驻林地记者　格·奥斯塔宁

我抓了只松鼠

松鼠操心的是这样一件事：夏天把食物储藏起来，冬天就可借此果腹。我曾亲自观察一只松鼠如何从云杉树上摘取球果，再拖进树洞。我发现了这棵树，后来当我们砍下它并从里面拖出松鼠时，发现树洞里有许多球果。我们把松鼠带回家，关进了笼子。一个小男孩儿把手指伸进笼子，松鼠马上把小男孩儿的手指咬破了——它就是这个德行！我们带给它许多云杉球果，它爱吃极了。不过，它最爱吃的还是核桃。

驻林地记者　　H. 斯米尔诺夫

我的小鸭

我妈妈把三个鸭蛋放到了母火鸡的肚子底下。

三个星期后，母火鸡孵出了一群小火鸡和三只小鸭。在它们都还没长结实的时候，我们把它们放在暖和的地方。但是，有一天我们把母火鸡和幼崽第一次放到了户外。

我们家房子旁边有一条水渠。小鸭们马上一拐一拐地跳进水渠游了起来。母火鸡跑了起来，慌里慌张地乱作一团，大声叫着："噢！噢！"它看到小鸭们安安稳稳地洇着水，对它睬也不睬，于是放了心，便和自己的小鸡走了。

小鸭们游了一会儿，不久就冻得受不了了，便从水里爬了出来，一面嘎嘎叫着，一面瑟瑟抖着，可是没有取暖的地方。

我把它们捧在手里，盖上头巾，带回了房间。它们立马放心了，就这样在我身边住了下来。

一天清早，我们把它们放到了户外，它们立刻下了水。等感到冷了，就跑回家来。它们还不会飞上门口的台阶，因为翅膀还没有长出来，所以就嘎嘎叫着。有人把它们放上了台阶，于是三只一起直接向我的床边奔来，排成一行站着，伸长了脖子又叫了起来。而我正睡着呢。妈妈拿起它们，它们就钻进我被子下面，也睡着了。

快到秋天的时候它们长大了些，可我却被送进了城——上学去了。我的小鸭们久久地思念着我，叫个不停。得知这个情况，我掉了不少眼泪。

驻林地记者　维拉·米谢耶娃

令人捉摸不透的星鸦

我们这儿有一种乌鸦，体型比一般灰色的乌鸦小，全身都有花点。我们这儿把它们称为星鸦，在西伯利亚则称为松鸦。

它们采集过冬吃的球果——藏在树洞里和树根下。

冬季里星鸦宿无定所，从一处转到另一处，从一个森林转到另一个森林。迁移过程中，它们就享用这些贮备的食物。

它们享用的是自己的贮备吗？事情是这样的，每一只星鸦所享用的都不是自己储藏的食物，而是自己的同族储藏的。它来到自己平生从未到过的一个树林，就立刻开始寻找别的星鸦贮备的食物。它向每一个树洞里窥探，在里面找寻球果。

它们到树洞里找食物还好理解，可是星鸦在冬天怎么找寻别的星鸦藏在树木和灌木丛根下的球果呢？要知道整个大地已经被白雪覆盖了！但是星鸦飞到一丛灌木前，扒开下面的积雪，总是能准确无误地找到其他星鸦的贮备。它怎么知道成千上万棵灌木丛和大树中恰恰在这丛灌木下藏有球果呢？

这一点我们还不得而知。

要弄清星鸦在一模一样的覆盖物下面寻找并非自己储藏的食物，究竟依靠的什么，得琢磨琢磨它的奥妙经验。

害　怕

树木落尽了叶子，森林显得稀疏起来。

林中的一只小雪兔趴在一丛灌木下，身子紧贴着地面，只有一双眼睛在扫视着四面八方，它心里害怕得很。周围传来窸窸窣窣、噼里啪啦的声音，可别是鹞鹰的翅膀在树枝间扇动。莫不是狐狸的爪子在落叶上簌簌走动？这只兔子正在变白，身上开始长出一个个白色斑点。再等等，等到下雪就好了！周围是那么亮，林子里变得色彩很丰富，满地都是黄色、红色、褐色的落叶。

要是突然出现猎人怎么办？

跳起来？逃跑？怎么逃？脚下的干叶像铁一样发出很响的声音，自己的脚步声就会吓得你丧魂落魄！

于是兔子在树丛下缩紧了身子，贴住地面的苔藓趴着，它紧挨着一个桦树墩，趴着，躲着，一动也不动，只有一双眼睛扫视着四方。

它心里害怕极了……

巫婆的扫帚

现在，当树木落尽了叶子，你可以看见上面有夏季看不清的东西。你往远处看去，满眼都是白桦，上面似乎筑满了白嘴鸦的窝。可你如果走近一看——这根本不是鸟巢，而是由伸向不同方向的细细的树条构成的黑团，也就是巫婆的扫帚。

你回想一下任何一个有关老妖婆或巫婆的故事，老妖婆乘着自

己的扫帚在空中飞行，用掸子把自己留下的痕迹掸去。巫婆从烟囱里骑着一把扫帚往外飞。无论老妖婆还是巫婆，如果没有扫帚或掸子都是没有办法飞的。于是，她们就把这样的疾病降到各种树上，使它们的枝头长出类似扫帚那样难看的一团团树枝。一些快乐故事的讲述者就是这么说的。

可是，按科学的说法是怎么回事呢？

按科学的说法真的是这么回事吗？枝头的这些团状树条是由病枝构成的，而病枝的产生是由于蜱螨和真菌。颗粒状的蜱螨非常小也非常轻，以至于风儿可以带着它们满林子跑。

蜱螨一落到树枝上，就爬到幼芽上，在那里安营扎寨。正在发育的幼芽即将形成嫩枝和新茎，那上面长着叶芽。蜱螨不会去触动那些嫩枝和新茎的胚芽，只吸食幼芽的汁水。由于蜱螨的叮咬和分泌物，幼芽开始得病。等年轻的幼芽萌发的时候，它开始以神奇的速度生长，相当于正常速度的6倍。

病态的幼芽长成短短的嫩枝，后者又立刻长出旁枝。蜱螨的子孙爬上了嫩枝，又使新枝分叉。分叉现象就这样不断地继续下去。于是在原先的幼芽上长成了蓬蓬松松、形象丑陋的巫婆的扫帚。

如果在幼芽上飘落了孢子——寄生类真菌的胚芽，并开始在上面生长，也会发生相同的情况。

巫婆的扫帚通常出现在白桦、赤杨、山毛榉、鹅耳枥、松树、云杉、冷杉及其他乔木和灌木上。

活纪念碑

植树造林活动正搞得热火朝天。

在这个愉快而有益的活动中，孩子们的表现毫不逊色于成年人。他们小心翼翼地挖着，以免伤着树根，将休眠的小树移栽到新的地方。到春季小树苏醒了，便开始生长，那会给人们带来前所未有的欢乐和益处。每一个栽种和培育了哪怕只是一棵小树的孩子，都在自己的一生中为自己树立了一座极为美妙的绿色纪念碑——一座永远活着的纪念碑。

孩子们出了个极好的主意——在花园和学校的园地四周也栽上活的篱笆。栽得密密层层的灌木丛和小树不仅可以抵御沙尘和风雪，而且会引来许多小鸟，它们在这儿找到了可靠的藏身之所。夏天金翅雀、赤胸朱顶雀、莺和我们其他会唱歌的真诚朋友们，在这些篱笆内编织自己的小窝，孵育小鸟，勤勉地保护花园和菜园免遭有害的毛毛虫和其他昆虫的侵害。它们还会使我们的耳朵享受它们欢乐的歌声。

有几位少年自然界研究小组的成员夏天去了克里米亚，从那里带回一种名叫"列瓦"的有趣灌木的种子。到春季，这些种子长成了出色的活篱笆。我们必须在上面挂上告示牌：请勿触碰！这些高度戒备的灌木不允许任何人穿越自己严密的队列。列瓦像刺猬一样会扎人，像猫一样会用爪子抓人，又像荨麻一样灼人。让我们看看，哪些鸟儿会选择这位严厉的守卫作为自己的保护者。

鸟类飞往越冬地

并非如此简单！

看起来这似乎是再简单不过的事。既然长着翅膀，想什么时候飞，飞往什么地方，那就飞呗。这儿已经又冷又饿，于是振翅上天，稍稍往比较温暖的南边挪动一下。如果那里又变冷了，就再飞远点儿。就在首先飞到的地方越冬吧，只要那里的气候适合你，还有充足的食物。

可事实并非如此。不知为什么我们的朱雀一直要飞到印度，而西伯利亚的燕隼却要飞越印度和几十个适宜越冬的炎热国家，直至澳大利亚。

这就表明，驱使我们的候鸟飞越崇山峻岭，飞越浩渺海洋而去往遥远国度的，并非单纯是饥饿和寒冷如此简单的原因，而是鸟类身上不知来自何处的某种不容违拗、无法抑制的感情。不过……

众所周知，我国大部分地区在远古时代不止一次遭遇过冰川的侵袭。死亡的冰海以汹涌澎湃之势徐徐地淹没了我国所有广袤的平原，经历数百年的徐徐退缩后又卷土重来，将所有生命都埋葬在自己身下。

鸟类因翅膀而获救。首先飞离的那些鸟类占据了冰川最边缘的海岸，随后动身飞往较远的地方，再飞往更远的地方，仿佛在做着跳背游戏似的。当冰川之海开始退缩时，被它逼离自己生息之地的鸟类便急忙返程，飞回故乡。最先飞回的是当初飞往不远处的那些鸟类，然后是随之而行的那些，最后是飞得最远的那些——跳背游戏按相反的顺序进行。这个游戏进程极其缓慢，要经历数千年的时间！在如此漫长的时间间隔之中，完全可以形成鸟类的一种习性：秋季，当寒流降临之时，飞离自己生息栖止之地，待到来年春回之时，与阳光一起重返故地。这样的习性一旦形成，便如常言所说，沁入了"身体和血液"，长留不离了。所以，候鸟每年要自北而南迁徙。这种观点被这样的事实所证明：在地球上未曾发生过冰川的地方，几乎没有鸟类大规模迁徙的现象。

其他原因

然而鸟类在秋季并非只飞往南方的温暖之乡，也会飞往其他各个方向，甚至飞往最寒冷的北方。

有些鸟类飞离我们仅仅是因为当大地被深厚的积雪所覆盖，水面被坚冰所封的时候，它们正在失去聊以果腹的食物。一旦积雪消融，大地初露，我们的白嘴鸦、椋鸟、云雀便应时而至了！一旦江河湖泊初现融冰的水面，鸥鸟、野鸭也应时而至了。

绒鸭无论如何不会留在坎达拉克沙自然保护区，因为白海在冬季被厚厚的冰覆盖了。它们常常被迫往北方迁移，因为那里有墨西哥湾暖流经过，整个冬季海水不冻。

假如你在仲冬时节乘车从莫斯科向南旅行，那你很快——那已经是在乌克兰境内了——会见到白嘴鸦、云雀和椋鸟。与被认为是在我们这儿定居的那些鸟儿——山雀、红腹灰雀、黄雀相比，所有这些鸟儿只不过稍稍往远处挪了挪地方。因为许多定居的鸟类也不老是待在一个地方，而是迁移的。除非是城里的麻雀、寒鸦和鸽子，或森林和田野里的野鸡，长年在一个地方居住，其余的鸟类都是有的往近处移栖，有的往稍远的地方移栖。那么现在如何确定哪一种鸟儿是真正的候鸟，哪一种只不过是移栖鸟呢？

就说朱雀，这种红色的金丝雀吧，你可别说它是移栖鸟，还有黄莺也一样。朱雀飞往印度，黄莺则飞往非洲过冬。似乎它们并非如大多数鸟类那样由于冰川的推进和退缩成为候鸟的。这里似乎另有原因。

请你看看朱雀，看看它的公鸟，似乎就是一只麻雀，但是脑袋和胸脯是那么红艳，简直叫你惊叹！还有更令人惊诧的，就是黄莺。全身金红，除了长着一对黑翅。你不由得会想："这些小鸟怎么打扮得这么鲜艳靓丽！在我们北方，它们该不会是来自异国他乡的鸟儿吧，不会是来自遥远的炎热国度的客人吧？"

似乎可能，非常可能，就是这么回事！黄莺是典型的非洲鸟类，朱雀则是印度鸟类。也许情况是这样，这些种类的鸟儿曾有过迁徙的经历，它们的年青一代被迫为自己寻找能生活和生儿育女的新地方。于是它们开始向北方迁移，那里的鸟类住得不那么拥挤。夏季那里不冷，即使新生赤裸的小鸟也不会挨冻。而等到开始无以果腹、天气寒冷的时候，它们可以往回迁移到故乡。这个时候也已孵出了小鸟，它们成群结队和睦融洽地一起生活，它们不会驱逐自己的同族！到了春天，又往北方飞迁。就这样来来往往，往往来来，经历了千秋万代！

就这样迁徙的路线形成了。黄莺向北，越过地中海飞向欧洲；朱雀自印度向北，越过阿尔泰山和西伯利亚，然后向西，越过乌拉尔山继续向西飞。

关于某些鸟类通过逐步获得新栖息地的途径形成迁徙习性的观点，可从下面的事实得到证明。比如朱雀可以说是在最近几十年内，直接在我们眼皮底下越来越远地向西迁徙的，直至波罗的海沿岸，却依然飞回到自己的故乡印度越冬。

有关候鸟迁徙成因的这些假设向我们做出了某种解说。然而有关候鸟迁徙的问题依旧充满了未解之谜。

一只小杜鹃的简史

这只小杜鹃诞生在我们这儿，列宁格勒近郊，泽列诺戈尔斯克市的一座花园，一只红胸鸲的窝里。

请别问它是如何孤身来到紧靠一棵老云杉树根边的这个舒适小窝的，也别问红胸鸲妈妈和红胸鸲爸爸——小杜鹃的后妈和后爸在喂养这只个头儿比它们大3倍的饕餮之徒时，有几多辛劳、关爱和激动。有一次，当花园的主人走到它们窝边，从中掏出已经羽毛丰满的小杜鹃，仔细端详一会儿又放回去的时候，它们俩几乎吓得半死。在小杜鹃的左翅上明显地露出一小块白色羽毛的斑记。

最终红胸鸲把自己收养的孩子养大了。但是即使飞出了窝，再见到养父母时，小杜鹃仍然会张开红中带黄的小嘴，嘶哑地叽叽讨食。

10月初，花园里的大部分树木只剩下一副副骨架，唯有一棵橡树和两棵老枫树尚未脱去鲜艳的树叶，这时小杜鹃消失了，就如大约一个月前所有成年杜鹃从我们的森林里消失一样。

和我们这儿所有的杜鹃一样，这一年的冬季，小杜鹃是在南部非洲度过的。夏季飞来我们这儿的杜鹃是那里出生的。

而在今年夏季——这是不久以前的事——花园的主人发现老云杉树上有一只雌杜鹃。他担心它会拆毁红胸鸲的窝，就用气枪打死了它。

在杜鹃左翅上，明显地露有一块白色斑痕。

我们正在揭开谜底，但秘密依旧

我们关于鸟类迁徙成因的推测也许是对的，但如何解释下列问题呢？

1. 鸟类如何辨认自己数千俄里的迁徙之路？

我们曾认为每一群秋季飞离的候鸟中都会有老鸟，即使只有一只，带领所有年轻的鸟儿沿着它清楚记得的路线从栖息地飞往越冬地。现在却得到准确的证明，在今年夏季才在我们这儿孵出的年轻鸟群中，一只老鸟也没有。有些种类的鸟儿，年轻的鸟儿比老鸟先飞走，另一些鸟儿老的比年轻的先飞走。然而，无论如何年轻的鸟儿总是准确无误，如期到达越冬地。

令人诧异的是，即使很小的一只老鸟的小小脑子，也能装下数百上千俄里的路程，而仅仅在两三个月前才降生于世、对这条路途上的任何事物都未曾见过的小鸟，都已经能独自认识这条道路，这实在太不可思议了。

就以泽列诺戈尔斯克的那只小杜鹃为例吧。它是怎么找到杜鹃在南部非洲的越冬地的？所有老杜鹃比它早一个月就从我们这儿飞走了，没有谁给它指路。杜鹃是孤身独处的鸟类，从来都不成群，即使在迁徙途中也是如此。养育小杜鹃的是红胸鸲，一种飞往高加索过冬的鸟类。小杜鹃怎么会出现在南非洲的，而且正好在我们北方杜鹃世世代代越冬的地方，然后又回到它被孵化出壳并被红胸鸲喂大的窝里？

2. 年轻的鸟儿从何得知它们究竟应当飞往何处越冬的？

对于鸟类的这个奥秘，《森林报》的读者实在应当思索一番，但愿你们的孩子不用再来考虑这个问题。

为了解决这些问题，首先得排除"本能"之类让人感到费解的词汇，应当琢磨出数以千计巧妙的试验，从而清晰地探明鸟类大脑与人类大脑的区别。

给风力定级

等级	风级名称	风速	该级风的威力
7	疾风	13.9～17.1 米／秒 50～61 千米／时	使电线嗡嗡作响，树梢向下弯，吹走浪尖的白沫
8	大风	17.2～20.7 米／秒 62～74 千米／时	吹折树的枝丫和枝叶，吹倒树干、柱子和成片围栏
9	烈风	20.8～24.4 米／秒 75～88 千米／时	刮走屋顶瓦片，吹落烟囱砖块儿，掀翻渔船
10	狂风	24.5～28.4 米／秒 89～102 千米／时	树被连根拔起，屋顶被掀
11	暴风	28.5～32.6 米／秒 103～117 千米／时 （速度与信鸽相当）	造成巨大破坏
12	飓风	32.7～36.9 米／秒 118～133 千米／时 （速度与鹰相当）	极大破坏

注：表格中风级名称与相关数据以我国上海辞书出版社的《辞海》（第六版）有关条目为准。

我们很幸运，因为暴风和飓风在我国非常非常罕见——远非每年都有。

经过了一个月的准备，10月的农庄将更为忙碌。马匹被赶进马厩，牛羊被赶进畜栏；禽舍整夜通明；果树还在换装；为春季早早发芽而播下的种子已安安静静地躺在了土地里，一切都是刚刚好的样子。

农庄纪事

拖拉机不再嗒嗒作响。各个农庄的亚麻选种已经完成。运送亚麻的最后一批大车队正向火车站驶去。

现在，农庄庄员们考虑的是来年的收成，他们考虑采用专业育种站为国内各农庄培育黑麦和小麦新良种。大田作业已经不多，更多的是在家的工作。庄员们全副心思地对付院子里的牲畜，得把农庄的牛羊群赶进畜栏，马匹赶进马厩。

田间变得空空荡荡。一群群灰色的山鹑更近地向人的居住地聚集。它们在谷仓边过夜，甚至飞进了村里。

对山鹑的狩猎活动已经结束，有猎枪的庄员现在开始为打兔子而奔忙了。

集体农庄新闻

H. M. 帕甫洛娃报道

昨　日

胜利集体农庄禽舍的电灯亮了。白昼变得短起来，所以庄员们决定每晚给禽舍照明，使鸡可以有较长时间走动和啄食。

鸡都很兴奋。电灯一亮，它们立即起身洗起了灰浴。最好斗的一只公鸡向一边歪着脑袋，用右眼望着灯泡，叫道：

"咯，咯！喔，要是稍稍挂低些，我可要用嘴来啄你啦！"

既有营养又好吃

任何一种饲料的最佳配料都是干草粉，干草粉用上等干草加工制成。

吃奶的猪崽，你们如果想快快长成大猪，就尝尝干草粉！生蛋的母鸡，如果你们想每天咯咯嗒，咯咯嗒叫——为刚生的蛋报喜，就尝尝干草粉！

发自新生活农庄的报道

园艺队正忙于给苹果树换装，需要给它们清理并换上新装。因为苹果树身上除了灰绿色胸针——地衣，什么也没有穿戴。庄员们从苹果树身上剥除了这些装饰，因为那里隐藏着害虫。树干和下层的枝丫用石灰水刷白，使它们再也不会附上昆虫，也免得被阳光灼伤，被严寒冻伤。现在，苹果树穿着雪白的衣装好看极了。难怪队长开玩笑说：

"我们在节日就要来到的时候给苹果树这么打扮可不是无缘无故的。我要带着这些美女去游行呢。"

给百岁老人采的菌菇

曙光集体农庄有位百岁老奶奶阿库里娜。我报记者去看望她，在她家里没见着她。阿库里娜奶奶采菌菇去了。她带了满满一背篓蜜环菌回家来。下面是她关于蜜环菌对我们说的话：

"那些单独生长而且躲开人眼的菌菇，我已经找不到了，眼力不济了。而这些——这儿有一个，那儿就会有上百个。我那些可爱的菌菇，也就是蜜环菌，它们还有一个习惯——爬到树墩上，好更显眼。这真是给老太太采的菌菇！"

晚秋播种

在劳动者集体农庄，蔬菜队正在地里播种莴苣、洋葱、胡萝卜和香芹菜。种子落到了寒冷的土里，如果相信队长孙女说的话，它们对此一定很不乐意。孙女说她听到种子在大声抱怨：

"不管你播不播种，反正在这么冷的地方咱们是不发芽的！既然你们喜欢这么做，自己发芽去吧！"

不过，种蔬菜的人这么晚播下这些种子就是为了让它们秋季不发芽。

因为这样做它们到春季就会很早发芽，提早成熟。较早收获莴苣、洋葱、胡萝卜和香芹菜，这可是赏心乐事啊。

农庄里的园林周

在俄罗斯联邦的各州、边疆区和共和国，开始推行园林周活动。苗圃里培育了大量供栽种的材料。在俄罗斯联邦的集体农庄里，正在开辟数千公顷的新果园和浆果园。数百万株苹果、梨和别的果树将被种植在集体农庄庄员、工人和职员住宅旁的自种园地。

塔斯社列宁格勒讯

列宁格勒的上空竟出现了鹰！动物园的朋友们已换了居所；对城市喧嚣无所畏惧的禽鸟又来这里做客了；亿万条鳗鱼挥别故乡，踏上了最后的征途。在距离我们最近的地方，一些变化正悄悄发生……

都市新闻

动物园里的消息

兽类和禽类从夏季的露天场所迁到了越冬用的住所。它们的笼子被暖气烘得暖暖的，所以任何一头野兽都没有打算进入长久的冬眠状态。

园子里的鸟儿没有离开鸟笼飞往任何地方，而是在一天之内从寒冷的国度进入了炎热的国家。

没有螺旋桨

这些天，城市上空飞翔着一些奇怪的小飞机。

行人在街道中央停住了脚步，惊疑地仰首注视着空中小小的一圈圈的飞行队伍。他们彼此询问说：

"您看见了吗？"

"看见了，看见了。"

"真奇怪，怎么听不见螺旋桨的声音？"

"也许是因为太高？您看它们是那么小。"

"就是往下降了，也听不见。"

"为什么？"

"因为没有螺旋桨。"

"怎么会没有呢？这算什么呢——新型设计吗？"

"是鹰！"

"您开玩笑！列宁格勒哪来的什么鹰！"

"那就是金雕。它们现在是飞经这里，正向南方去呢。"

"原来是这样！现在我自己也看见了，一些鸟儿在打转。要不是您说，我真的以为是飞机呢。太像了！它们哪怕把翅膀扇那么一下也行……"

赶紧去见识见识

涅瓦河上的施密特中尉桥（即报喜桥）边，彼得保罗要塞附近，还有别的一些地方，最令人惊奇的是，各种体型和颜色的野鸭在这儿已经待了几个星期了。

这里有像乌鸦一样黑的黑海番鸭，鼻梁凸起、翅膀上有白花纹的海番鸭，色彩斑斓、尾巴像伞骨一样撑开的长尾鸭，还有黑白相间的鹊鸭。

它们对城市的喧嚣无所畏惧。即使载货的黑色拖轮用铁质船头破浪而进，向着它们笔直冲来的时候，它们也无所畏惧。它们一个猛子扎进水里，又重新出现在离刚才的地方几十米远的水上。

这些潜水鸭都是迢迢海途上的过客。它们一年两度做客列宁格勒——春季和秋季。当来自拉多加湖的冰开始向涅瓦河走来时，它们消失了。

鳗鱼踏上最后的旅程

大地已是一片秋色。秋色也来到了水下。

水正在一点点变冷。

老鳗鱼离开这里，踏上最后的旅程。

它们从涅瓦河出发，经过芬兰湾，再经过波罗的海，进入深深的大西洋。

它们没有一条再回到度过了一生的河里。它们都将在几千米的大洋深处找到自己的坟墓。

然而在死去之前它们把卵产下了。大洋深处并不像想象的那么寒冷，那里的温度是7摄氏度。每一颗卵都在那里孵化成了细小的、像玻璃一样透明的小鳗鱼——鳗苗，亿万条鳗苗踏上了遥远的征途。三年以后，它们进入了涅瓦河口。

它们在这里成长，变成了鳗鱼。

清晨的森林是什么样子？猎人带的追逐犬是如何帮助他狩猎的？林间的狗吠一声接着一声；兔子躲过了猎枪，狐狸却中弹；达克斯狗凭自己的勇力战胜归来。狩猎战场的惊心动魄一次又一次的上演。

狩猎纪事

带着猎狗走在黑色的土路上

在秋季一个清新的早晨，一个猎人肩上扛着枪走在田野上。他用一根短短的皮带牵着彼此靠得很紧的两条追逐犬——胸脯宽阔、有棕红色斑点的黑色公狗。

他走到了一片林子边上，解开猎狗的皮带，把它们"抛"向了那片孤林。两条猎狗沿着一丛丛灌木冲了进去。

猎人在林边静悄悄地走着，选择自己在兽径（野兽行走的路径）上站立的位置。

他在对着一丛灌木的一个树桩后面站住了，那里有一条无形的小道从林子里延伸出来，朝下通向一条小山沟。

他还没来得及站定，两条狗已经找到了野兽的踪迹。

那条老公狗多贝瓦依先叫了起来，它的吠叫一声紧接着一声，并不响亮。

年轻的扎里瓦依也跟着它一阵狂吠。

猎人根据声音听出，它们惊醒并赶起了兔子。它们现在正低头嗅着足迹，沿着黑色土路——因雨水而变得泥泞、发黑的泥地穷追不舍。

追赶声时近时远，兔子在绕着圈儿走。

现在声音又近起来了，正朝这儿赶呢。

唉，好粗心大意的家伙！你看这就是它呀，你看那只兔子棕红色的皮毛在小山沟里闪动呢！

猎人一眨眼，被它溜了过去！

现在，又是猎狗追赶的声音，跑在前面的是多贝瓦依，扎里瓦依伸出舌头跟在后面。它们在小山沟里跟在兔子后面奔着。

不过没关系，它们又拐进林子去了。多贝瓦依是条很有韧性的猎狗，它会盯着踪迹不放，不会跟丢，不会让猎物逃走。它是条善于追踪的好狗。

现在又走了，又走了一圈，又进了林子。

"反正兔子要栽在这条它经常出没的路上，"猎人想道，"这回我不会放过它了！"

一阵静默……然后……怎么回事？

为什么声音分散了？

现在，领头的狗完全不叫了。

只有扎里瓦依在叫。

一阵静默……

又传来了领头的多贝瓦依的叫声，但已经是另一种叫法，更加激烈，声音嘶哑。扎里瓦依憋住了气，接着它叫了起来，重复地发出尖厉的声音。

它们碰到了另一种足迹！

是什么足迹呢？反正不是兔子的。

不错，是红色……

猎人迅速更换了弹药，装进了最大号的霰弹。

兔子蹦跳着在小道上迅跑，跑到了田野上。

猎人看见了，却没有举枪。

而狗的追捕声则更近了——叫声嘶哑，发出了凶狠、懊丧的尖叫……突然在兽径上，在灌木丛间、刚才兔子跑过的地方，火红的背脊和白色的胸脯……直冲着猎人滚来。

猎人端起了枪。

野兽发现了，毛茸茸的尾巴一闪拐向了一边，接着又拐向了另一边。晚了！

乓！只见火红的颜色在空中一闪，中弹而亡的狐狸在地上张开了四肢。

猎狗从林子里跑了出来，向着狐狸奔去。它们用牙齿咬住了红色的皮毛，抖动着它，眼看着要将它撕碎了！

"放下！"猎人威严地向它们吆喝着跑过去，赶紧从狗嘴里夺下珍贵的猎物。

地下格斗

离我们农庄不远的森林里有一个有名的獾洞，这是一个百年老洞。所谓"獾洞"不过是口头叫叫而已，其实它甚至不能称为"洞"，而是被许多代獾纵横交错地挖空的整座小丘。这是獾的整个地下交通网。

塞索伊·塞索伊奇指给我看了这个"洞"。我仔细察看了这座小丘，数出它有63个进出口。而且在灌木丛里，小丘下还有一些看不见的出口。

一看便知，在这个广袤的地下藏身之所居住的并非仅仅是獾，因为在有些入口旁边密密麻麻地爬满了葬甲虫、粪金龟子、食尸虫。它们在堆积于此的母鸡、黑琴鸡、花尾榛鸡的骨头上和长长的兔子脊梁骨上操劳忙碌。獾不做这样的事，也不捕食母鸡和兔子。它有洁癖，自己吃剩的残渣或别的脏东西从来不丢弃在洞里或洞边。

兔子、野禽和母鸡的骨头泄露了狐狸家族在这里和獾比邻而居的秘密。

有些洞被挖开了，成为名副其实的壕堑。

"都是猎人做的好事，"塞索伊·塞索伊奇解说道，"不过他们是枉费心机了，狐狸和獾的幼崽已经从地下溜走了。在这里是无论如何也挖不到它们的。"

他沉默了一会儿后，又补充说：

"现在，让我们试试用烟把洞里的主人从这儿熏出来！"

第二天早上，塞索伊·塞索伊奇和我，还有一个小伙儿来到小丘边。塞索伊·塞索伊奇一路上和他开玩笑，一会儿叫他"烧锅炉的"，一会儿又叫他"司炉"。

我们三个人忙活了好久，除了小丘下面的一个和上面的两个口子，所有通往地下的口子都堵住了。我们拖来许多枯枝、苔藓和云杉枝条，堆到下面的一个洞口。

我和塞索伊·塞索伊奇各自在小丘上面的一个出口边、灌木丛的后面站定。"烧锅炉的"小伙儿在入口边烧起一个火堆。待火烧旺，他就往上面加云杉枝条。呛人的浓烟升了起来，不久烟就钻进了洞里，就像进入了烟囱似的。

当烟从上面的出口冒出来时，我们两个射手守在自己埋伏的地方感到焦躁不安。说不定机灵的狐狸先跳出来，或者肥胖而笨拙的獾先冒出来。说不定它们在地下已经被烟熏得眼睛痛了。

但是，躲在洞穴里的野兽是很有耐心的。

眼看着树丛后面塞索伊·塞索伊奇身边升起了一小股烟，不一会儿我身边也开始冒烟。

现在，已经不必等多久了。马上会有一头野兽打着喷嚏和响鼻蹿出来，更确切地说是蹿出几头野兽，一头接着一头。猎枪已经抵在肩头，千万别漏过了机灵的狐狸。

烟越来越浓，已经一团团地滚滚涌出，在树丛间扩散。我也被熏得眼睛生疼，泪水直淌——如果你漏过了野兽，那么正好是在你眨眼睛抹眼泪的时候。

但是，仍然不见野兽出现。

举枪抵住肩头的双手已经疲乏，我放下了枪。

等啊等，小伙儿还在一个劲儿地往火堆里扔枯枝和云杉树条。但是，仍然不见有一头野兽蹿出来。

"你以为它们都闷死啦？"回来的路上，塞索伊·塞索伊奇说，"不是，老弟，它们才不会闷死呢！烟在洞里可是往上升的，它们却钻到了更深的地方。谁知道它们在那里挖得有多深。"

这次失手使小个儿的大胡子情绪十分低落。为了安慰他，我便说起了达克斯狗和硬毛的狐狗，那是两种很凶的狗，会钻洞去抓獾和狐狸。塞索伊·塞索伊奇突然兴奋起来："你去弄一条这样的狗来，不管你想怎么弄，得去弄来。"

我只好答应去弄弄看。

这以后不久我去了列宁格勒，在那里我突然走了运：一位我熟悉的猎人把自己心爱的一条达克斯狗借给我用一段时间。

当我回到乡下，把狗带给塞索伊·塞索伊奇看时，他甚至大为光火（发怒；恼怒）："你怎么，想拿我开涮？这么一只老鼠样的东西不要说公狐狸，就是狐狸崽子也会把它咬死再吐掉。"

塞索伊·塞索伊奇本人个子非常矮小，为此常觉得委屈，所以对别的小个子，即便是狗，都不以为然。

达克斯狗的样子确实可笑，小个儿，矮矮长长的身子，四条腿弯曲得像脱了臼。但是这条其貌不扬的小狗露出坚固的犬牙，冲着无意间向它伸出手去的塞索伊·塞索伊奇凶狠地吠叫起来，意外地用力向他扑去的时候，塞索伊·塞索伊奇急忙跳开，只说了一句话："瞧你！好凶的家伙！"说完它就不叫了。

我们刚走近小丘，小狗儿就怒不可遏地向洞口冲去，险些把我的手拉脱了臼。我刚把它从皮带上放下，它就已经钻进黑乎乎的洞穴不见了。

人类按自己的要求培育出了十分奇特的狗的品种，而达克斯狗这种小巧的地下猎犬也许是最奇特的品种之一。它的整个身躯狭窄得像貂一样，没有比它更适合在洞穴中爬行的了。弯曲的爪子能很好地抓挖泥土，牢牢地稳住身体；狭而长的三角形脑袋便于抓住猎物，能一口令它致命。站在洞口等待受过良好训练的家犬和林中野兽在黑暗的地下血腥厮打的结果，我仍然觉得有点儿心里发毛。要是小狗儿进了洞回不来，那怎么办？到时我有何脸面去见失去爱犬的主人？

追捕行动正在地下进行。尽管厚厚的土层会使声音变轻，响亮的狗吠声依然传到了我们耳边。听起来追捕的叫声来自远处，不在我们脚下。

然而，听到狗叫声变近了，听起来更清楚了。那声音因狂怒而显得嘶哑。声音更近了……突然又变远了。

我和塞索伊·塞索伊奇站在小丘上面，双手紧握起不了作用的猎枪，握得手指都痛了。狗吠声有时从一个洞里传来，有时从另一个洞里传来，有时从第三个洞里传来。

突然，声音中断了。

我知道这意味着什么。小小的猎犬在黑暗通道内的某个地方追着了野兽，和它厮打在一起了。

这时我才突然想起，在放狗进洞前我该考虑到的一件事。猎人如果用这种方式打猎，通常在出发时要带上铲子，只要敌对双方在地下一开打，就得赶快在它们上方挖土，以便在达克斯狗处境不好时能助它一臂之力。当战斗在靠近地表下方的某一个地方进行时，这个方法就可以用上了。不过，在这个连烟也不可能把野兽熏出来的深洞里，就不要想对猎犬有所帮助了。

我干了什么好事呀！达克斯狗肯定会在那个深洞里送命。也许它在那不得不进行的厮打中，要对付的甚至不止一头野兽。

忽然，又传来了低沉的狗吠声。

但是我还来不及得意，它又不叫了——这回可彻底完了。

我和塞索伊·塞索伊奇久久伫立在英勇猎犬无声的坟丘上。

我不敢离开。塞索伊·塞索伊奇首先开了腔："老弟，我和你干了件蠢事。看来猎狗遇上了一头老的公狐狸或者老的雅兹符克。"

我们那儿管獾叫"雅兹符克"。

塞索伊·塞索伊奇迟疑了一下又说道："怎么样，走？要不再等上一会儿？"

地下传来了出乎意料的沙沙声。

洞口露出了尖尖的黑尾巴，接着是弯曲的后腿和达克斯狗艰难地移动着的整个细长的身躯，身上满是泥污和血迹！我高兴得向它猛扑过去，抓住它的身体，开始把它往外拉。

随着狗从黑洞里露出的是一头肥胖的老獾。它毫不动弹。达克斯狗死命地咬住它的后颈，凶狠地摇撼着。它还久久不愿放松自己的死敌，似乎在担心它死而复生。

本报特派记者

射靶：竞赛八

1. 兔子往哪儿跑更方便——山上还是山下？

2. 落叶向我们揭示了鸟类的哪些秘密？

3. 住在森林中的哪一种动物在树上风干自己的蘑菇？

4. 什么野兽夏季住在水中，冬季住在土里？

5. 鸟类贮备过冬的食物吗？

6. 蚂蚁如何为过冬做准备？

7. 鸟类骨骼的内部是什么？

8. 秋季猎人穿什么颜色的衣服最好？

9. 鸟类什么时候更能抵御枪弹的伤害——夏季还是秋季？

10. 画在这里的这个可怕的脑袋是什么动物的？

11. 能不能把蜘蛛称为昆虫？

12. 青蛙躲到哪里过冬？

13. 这里画的是三种不同鸟儿的脚。其中一种鸟儿生活在树上，另一种在地上，第三种在水里。分别指出每种鸟儿是在哪里生活的。

14. 哪一种野兽的脚爪掌心单独外翻而且外露？

15. 这是长耳猫头鹰的脑袋。用铅笔画出猫头鹰的耳朵。

16. 身体落到水上，自己没有下沉，也不把水搅浑。（谜语）

17. 走呀走，永远走不完。想捉捉不住，而且捉不完。（谜语）

18. 一年生的草，长得比院墙还要高。（谜语）

19. 跑呀跑，还是跑不到，飞也飞不到。（谜语）

20. 过了三岁的乌鸦是几岁？（谜语）

21. 到水塘洗个澡，身上还是又干又燥。（谜语）

22. 身子带走，抛掉骨头，脑袋入口。（谜语）

23. 生来不是王公贵族，却戴着王冠走；不是骑士，却带着马刺；自己起得早，也不让人睡觉。（谜语）

24. 有尾非兽，有羽非鸟。（谜语）

公告："火眼金晴"称号竞赛（七）

谁做的？

图1

a）谁在云杉球果上做了手脚，并把它们收集到了地面上？

b）谁坐在树墩上摘完了球果，留下了蒂头？

c）是谁挖了这些小孔，掏吃了树上的榛子？

d）谁把蘑菇搬上了树，把它插在了树枝上？

图2

在一棵老白桦树的皮上有一些分布成圈状的相同的小孔。这是谁做的，为什么？

图3

是谁加工了这个刺实植物的刺状果实？

图4

是谁在幽暗的森林里用爪子毁了树木——把云杉树的内皮剥下？它为什么要这样？

图5

是谁在这儿干的坏事——摧毁了这么多树木，使枝头变得光秃秃一片，还直接折断了那么多树枝？

人人能做的事

归还被啮齿动物从田里盗窃的上等粮食，只要学会找寻并挖开田鼠的洞穴。

本期《森林报》报道了这些害兽从我们的田间偷盗了多少精选谷物，充实到它们自己的粮仓。

请别惊扰

我们为自己准备了越冬的居室，并将在此睡到开春。我们没有打搅你们，所以请你们也让我们安安稳稳地休息。

熊、獾、蝙蝠

哥伦布俱乐部：第八月

夏季科学考察报告 / 鸟类学考察报告 / 兽类学考察报告 / 树木学考察报告 / 收养的动物

现在已到了检阅少年哥伦布们在整个夏天考察成果的时候。首先在俱乐部会议上汇报的是鸟类学研究者。

"我们全体5个人，"安德汇报说，"也就是塔里－金、雷、米、科尔克和我到了151种鸟儿，或按我们的称呼——'翅羽族'生活的神秘乡。"

"嘿，你真有两下子！"老海狼沃夫克不由自主地说道，"我们找到的哺乳动物还不到那个数的一小部分呢！"

"这个数目完全没达到应该有的那个数目，"安德接着说，"科学院动物学博物馆鸟类部已故主任瓦连京·利沃维奇·比安基的报告《我们关于诺夫哥罗德省鸟类的情报》（'省'现在应叫'州'）统计有216种。应当略去7种纯粹是偶尔飞来我们这儿的鸟类，像黑雁或者白颊燕鸥之类，还要略而不计只在冬季飞来我们这儿的9种，像北极猫头鹰或雪鸮和拉普兰鸫之类的鸟儿，在夏天我们无论如何都见不到它们，还有几十种飞经我们州的鸟儿，在我们这小小的神秘乡也许只能偶然见到它们。这样一来，说我们和我们美洲的翅羽族居民已经认识，大概是言出有据了。我敢保证，任何一个本地居民对他所在的区域究竟有多少种不同的鸟类、野生鸟类究竟由什么构成，都心中无数。而我们对此做了调查，并将所有种类都录入了清单。

"整年居住的土著，也就是定居的鸟类有51种。春天飞来我们的神秘乡，在此筑巢并孵育幼雏而秋季又飞走的，也就是候鸟，据我们统计有89种。

"夏末来自北方的候鸟，我们统计有10种。偶尔飞来这里的就翻石鹬一种。这可是名副其实的发现，因为瓦连京·利沃维奇·比安基的《我们的鸟类》一书中根本没有提到这种鸟儿，而在这里只有科尔克发现了。白腰朱顶雀的窝是雷发现的，以前人们认为它只是在诺夫哥罗德州过冬的鸟类。而发现鸣声如笛的松雀在神秘乡筑巢而居，要归功于米。以前人们也认为松雀只是飞来我们这一带过冬的鸟类。它们究竟是偶尔留下来度夏，还是开始习惯在我们这儿筑巢而居，还有待未来证实。要知道在《我们的情报》一书里认定白腰朱顶雀是一种不常见的鸟类，但是现在，它已经在这儿每一个合适的地方筑巢居住了。

"将鸟蛋从一种鸟儿身边转移到另一种鸟儿身边的试验在夏季做了27项。有关这些试验的意外结果你们已经知道。

"我们给57只鸟儿套了脚环，其中有54只雏鸟，还有3只是大人们偶然捕获的。

"我们就地喂养了32只小鸟，带在身边喂养的有北噪鸦一只、乌鸦一只、煤山雀一只。喂养的结果将在会议结束时展示。

"考察的《航行日志》和特别观察的详细笔记记载了全部工作。"

在讨论了安德的报告后，老海狼沃夫克发了言。

"我们的兽类学考察登记的动物品种没有如此庞大的清单，也就不足称道了。我们在整个夏天一共观察了31种哺乳类动物。我们甚至没有观察，而只是记录，因为有些品种我们是根据耳闻登记——就像我们可敬的帕甫。所以我们在神秘乡既没有遇见小小的伶鼬，也没有遇见个头儿不大、漂亮的鹿——就是所谓的狍子或野山羊，更没有遇见脚趾内翻、可怕的熊，遗憾得很。"

"你最好说'幸运得很'，"萨戛插话说，"要是和熊遭遇上又没有猎枪，那就唉呀呀了！"

大家笑了起来，沃夫克继续往下说：

"总的来说，我们的哺乳动物是那么稀少，简直扳着指头就数得过来。猛兽有熊和狼，狼在战前就没有了，战后又繁殖起来。狐狸、獾、貂和黄鼬难得见到，白鼬和伶鼬听说是有。猞猁在这儿是路过的野兽，最近几年没听说过。哺乳动物就这些。食昆虫的兽类：鼹鼠很多，刺猬很少，鼩鼱（qújīng）有两种，一种在陆上，一种在水中。有蹄目共两种：驼鹿和狍子。翼手目……可是这属于夜行动物，我们对它们了解不多。我们一共捉到过三只：一只大蝙蝠、一只山蝠、一只鼠耳蝠。啮齿目动物当然最多：两种兔子——灰兔和雪兔；两种松鼠——棕褐色的普通松鼠和飞鼠，飞鼠是一种带蹼膜的灰色松鼠。我们在一棵山杨的树洞里发现了松鼠的幼崽，半小时后我们跑来找它们，已经没有了，松鼠妈妈叼着它们的后颈，把它们转移到了别处！幸好神秘乡没有原仓鼠也没有黄鼠，这是很可怕的害兽。

"不过普通的灰色大老鼠可以说数量可观，和小家鼠相当。还有水䶄、背部有一条黑纹的黑线姬鼠、林鼠和三个不同品种的田鼠。这就是我们的清单。"

"那么熊是哪一种呢？"萨戛务实地问，"没有白熊？"

沃夫克大笑起来。

"灰色的没有，它们只生活在北美嶙峋的山区，就叫灰熊——你读过梅因·里德（英国作家，作品中有对美国被压迫人民苦难生活的描写。代表作有《白人领袖》《无头骑士》等）的作品吗？住在洞穴里的喜马拉雅山黑熊也没有，还有生活在海里的白熊也没有，它们只生活在北冰洋里。你可以放心睡觉了。"

萨戛显得很尴尬。

"我自己是诺夫哥罗德人。我们那儿有人说过，森林里偶尔会有白熊出没……"

"大概就是皮毛颜色很浅的缘故。这倒是常见的。通过特别有意思的观察可以发现，整个艾鼬家族悄悄地住在一位女庄员家门口的台阶下。院子里母鸡走来走去，公鸡在踱方步，它们却碰也不碰。兔子不吃窝边草，它们的眼睛是盯着远处的。所以女主人竟然不知自己身边住着整整一窝这样的盗贼，甚至毫不怀疑。

"还有，拉有一只非常逗的皮皮什卡——一只小獾。她把它调教得比我们都好！好吧，待会儿让拉自己向你们展示吧。"

沃夫克在结束汇报时告诉大家，他发现了一位住在"漂浮美洲"的"美洲居民"——一只住在漂浮植物层上的麝鼠。

有关树木学考察的报告由帕甫做。可他吞吞吐吐说不上来，"呃……呃……呃……"，要不就是"那个……""这个……"，弄得大伙儿对他直摇手：

"别说了！要是本来就结巴倒好了，现在都乱了套了！多，咱们请多来说！"

多正好相反，过于急躁，一开口就跟倒豆子似的，大家只好不时打断她，向她重复发问。

"在我们的神秘乡，土生土长的参天大树的品种，"多仿佛一个熟练的打字员在打字机上嗒嗒嗒飞快打字似的说了起来，"同样不多，实在不多，一两下就完了，比兽类学家们的哺乳动物的品种还少。尤其是某些成群生长的树木，像松树、云杉、白桦，有一种枝叶很茂盛的，还有一种树皮上都是疙瘩，还有含胶的灰赤杨、山杨——都在这儿了。树的群体中有的是一棵棵分散生长的，比如花楸、稠李、橡树、野苹果树，那里的榆树有树皮光滑的和粗糙的两种，白杨经常混进榆树堆里，还有枫树、桲（chén）树，在河边和沼泽边有高大的白柳。最有趣的是柳树，我说的是柳树这一族有各种叫法：爆竹柳、苇尔巴、杞柳。多得数不清，俄罗斯柳、拉普柳、白柳、黑柳、蓝灰柳、烟灰柳、大耳柳——说老，叫大耳柳！"多看到同学们在笑，自己把自己的话打断了。"说老实话"四个字她没有都说出来，因为觉得太长，所以她说成了两个字——"说老！""说老，大耳柳，还有三个和五个雄蕊的柳树，迷迭香叶柳和茸毛跑前……见鬼！说不出来了！茸毛跑前柳！这还不是全部。我们这儿有20种不同品种的柳树！还有多少灌木！灌木有刺柏（或者按乡下叫法'苇列斯'）、野蔷薇、马林果（学名'悬钩子'，一种浆果植物）、鼠李、榛、毒浆果、岩高兰、两个品种的忍冬、瘤枝卫矛、红色茶藨（biāo）子和黑色茶藨子、杜香、帚石南、熊果、水越橘……"

"停，停，停！"科尔克讨饶了，"你越说越多，说哪儿去了！熊果、水越橘，我希望这些仍然是浆果，而不是灌木，是吗？"

"没什么了不起的！"多得意扬扬地说，"尽管它们确实是浆果，但仍然被认为属于灌木。还有半灌木呢！鹿蹄草、山茱萸、百里香、欧白英……还有小灌木呢！越橘、黑果越橘、红莓苔子、蜂斗菜……"

"哎哟哟哟！"科尔克用双手捂住耳朵叫起来，"这一切天赐美物都长在咱们这神秘乡吗？"

"你如果不相信我，可以去问帕甫，"多觉得委屈了，"所有这些我都采集给他做标本了。"

标本的茎和叶都用细细的白纸条贴在大纸页上，参观标本花去了许多时间。每一页上都工整地写着植物的名称——俄文的和拉丁文的。少年哥伦布们都夸他："不愧是个书呆子！"

"我还没说完呢，"多说，"还有外来的灌木和乔木，还有从头到脚都充满蜜汁的著名澳大利亚巨树林荫树呢！"

大家又兴致勃勃地坐好了。

"在咱们神秘乡，有许多像沃夫克的麝鼠那样的外来生物，"多一面一本正经地说道，一面努力保持她打字机式的说话风格，"比如说，普通的马铃薯，也来自美洲，可现在已成了我们自己的蔬菜。咱们花园里有丁香、锦鸡儿、山楂、小檗、醋栗、接骨木、侧柏、银白杨，这些也都是引进的，有的来自南方，有的来自东方。就是引种成功了，耐受住了咱们一年年的寒冬，什么事也没有！还有来自澳大利亚的著名巨树——你抬头看一眼连帽子都会掉下来——林荫树。这是帕甫在神秘乡附近发现的。说说看，它还叫什么？"

"什么？！"大伙儿叽叽喳喳起来，"说吧，说吧！"只有帕甫扭头不吭声。

"你干吗不吭声？"多用天真的声音问道，"难道你不感兴趣？可为了弄清楚蜜蜂为什么围着林荫树嗡嗡飞个不停，我和女伴们特意赶了30千米路呢。它们高兴得疯了，因为它们从世界的边缘被运到了这里还培育出了这么多蜜汁，是吗，帕甫？"

"你打听清楚了，所以就……米放连珠炮了。"帕甫沉着脸说。

"我倒是打听清楚了。可你这是想当然乱说。没有任何人从澳大利亚运出过任何一棵林荫树。确实，这种树在这儿不大能见到，可是在俄罗斯中部却到处都是，简直每走一步都能碰到。这种树就叫椴树！书呆子，这你听说过吗？现在把它的干枝给你。拿去做标本吧。含蜜汁的本地椴树。给，说完了。"

"可是……"现在帕甫由于感到意外而真的结巴起来，"可是……为——为什么……这种树……为什么这儿叫林荫树呢？"

　　"这儿这么叫，"多解释道，"是因为农民们没留意这儿森林里的椴树。这儿只有细叶的椴树，而且不常见。地主们在自己的庄园里却将椴树栽在了林荫道两边，所以由一个不熟悉的词'林荫道'产生了本地农民不熟悉的树名'林荫树'。"

　　"棒极了！"塔里－金说，"这如果不是树木学的发现，无论如何也是语文学的发现。北方的诺夫哥罗德人为一种普通的椴树起了一个出色的本地名字！"

　　接着雷、米和拉给大家看了自己收养的动物。

　　雷调教的一只小乌鸦依次向大家鞠躬，自我介绍：

　　"卡尔·卡尔奇·克洛克！"

　　它让人抚摸它的头部，同时怡然自得地半闭起眼睛。"在暗送秋波呢。"雷说道。

　　米养的一只黑黝黝的煤山雀在整个编辑部里飞来飞去，停到窗台上，好奇地向书橱的每一条缝道里张望，用爪子抓住天花板下面快要脱落的壁纸，从那里用伶俐的目光扫视着每个人。但是，只要米轻轻模仿山雀的叫声"茨——维！"，同时掌心向上把手向它一伸，它立马飞到她的手指上来。

　　大家都很喜欢颇有耐心的拉养的两样动物：名叫库克的咖啡黄北噪鸦和獾崽子皮皮什卡。拉把它们一起带来了，关在同一只箱子里，箱的两头绷了铁丝网。她把箱子摆到地上，放出了库克。小獾把毛茸茸的身子蜷成一团躺着，只有当拉亲切地叫"皮皮什卡，皮皮什卡"时，它才抬头。

　　"最近不知怎么的，它老爱睡，"拉说，"它大概该冬眠了。"

　　"来，皮皮什卡，来，小乖乖，"她又叫它了，"把你的小食盆拿来。"

　　懒惰的小胖子不情愿地站起来，用牙齿咬住了放在箱子里的食盆，带着它走出了笼子。

　　"来，后脚着地站起来，站起来！"拉用温和的声音说道。

　　已经把食盆放到地上的皮皮什卡又衔住了盆子坐在了后腿上，

就如狗听到"用后腿起立"的口令那样。

在它衔着食盆的时候，拉把随身带的小圆面包和几片烤熟的洋大头菜掰成了小粒，放进盆里，从小獾口里接过盆子，放到地上，用口哨呼唤在书橱上跳跃的库克。

北噪鸦马上飞到了盆边上，一点儿也不怕已经开始吃食的野兽。它把头一歪——"笃！"——用喙啄取了小粒面包。

"库克！"拉板着脸说，"该怎么说？"

"请！"北噪鸦刚要嘟哝着发声，突然清晰地用人的声音说了出来。大伙儿顿时"啊！"的一声叫了起来。

"库克也属于乌鸦一族，"拉解释说，"渡鸦、白嘴鸦、喜鹊、北噪鸦都很能干。还有椋鸟也一样。咱们列宁格勒普列汉诺夫街上我一个熟人家里养了两只椋鸟。一只9岁了，个头儿不大，黑黑的，名叫萨沙。它一生中学会了42个单词！简直是天才！

"主人说这么能干的鸟儿很难得。米沙，年轻的那只才3岁，不那么用心。萨沙常常那么专心地用眼睛盯着主人，似乎就要用喙去揪主人的嘴唇似的！它是很用功的学生，从来不像米沙那样让自己悄悄地发出椋鸟的叫声。有几个单词是它自己学会的。有孩子们来到家里时，女主人常对他们说'小声！小声！'，突然椋鸟从笼子里也对他们说'小声！小声！'。可是我对我的北噪鸦却只好长时间地反复说'请！请！'，直到它学会。"

同学们多次让乌鸦重复自己的名字和姓，而对快乐的北噪鸦则要求说"请，请！"。他们还请求雷和拉再教会它们说几个词。

冬季客至月

（秋三月）

11 月 21 日至 12 月 20 日　　太阳进入人马星座

一年——分 12 个月谱写的太阳诗章

　　11月——通往冬季的半途。11月是9月的孙子，10月的儿子，12月的亲兄弟。11月是带着钉子来的，12月是带着桥梁来的。你骑着花斑马出门，一忽儿遇到雪花纷飞，一忽儿遇到雨水泥泞，一忽儿又是雨水泥泞，一忽儿又是雪花纷飞。铁匠铺子虽然不大，但里面却在锻造封闭全俄罗斯的枷锁：水塘和湖泊已经表面结冰。

　　现在，秋季正在完成它的第三件伟业：先脱去森林的衣装，给水面套上枷锁，再给大地罩上白雪的盖布。森林里不再舒适，挺立的林木遭受秋雨无情的鞭打以后，被脱光了衣衫，浑身发黑。河面的封冰寒光闪闪，但是假如你探步走到上面，脚下便发出清脆的碎响，你便坠入冰冷的水中。撒满积雪的大地上一切秋播作物都停止了生长。

　　然而，这并非冬季已然降临，这只是冬季的前兆。偶尔还会有阳光灿烂的日子。嘿，你看，万物见到阳光是多么兴高采烈！你看到，从树根下爬出了黑魆魆的小蚊子和小苍蝇，飞到了空中。这时，脚边会开出金色的蒲公英花和金色的款冬花——那可是春季的花朵呵！积雪化了……然而树林却已深深沉沉地入睡，凝滞不动，什么感觉也没有，直至春天。

　　现在，采伐木材的时节开始了。

在这样寒冷的天气里，竟还有植物存活：萹蓄即便被踩踏，也依旧顽强地开出小花；夏季栖息的鸟类还未完全离开，冬季的来客已陆续光临；充满凶险的伐木生活就要开始，一切都在按计划进行着。

林间纪事

莫解的行为

今天我挖开积雪，察看我的一年生植物。这是一些只能度过一春、一夏和一秋的草本植物。

但现在是秋季，我发现它们并未全部死亡。就说现在，到12月了，许多还绿油油的呢。萹（biān）蓄显得生机勃勃，这就是长在农舍边的那种乡间野草。它长着彼此纠缠的蔓生小茎（人的脚在它上面无情地践踏）、长长的叶子和勉强看得出的粉红色小花。

生机盎然的还有低低的、扎人的荨麻。夏天你可受不了它，你在整理田地时会因它而弄得双手都是疙瘩。可如今在12月里，看着它都觉得舒心。

蓝堇也保持着旺盛的生命力。你们记得蓝堇吗？这是一种美丽的小草，有一道道细细碎痕的叶子和长长的粉红色小花，花蒂颜色深沉。你们在菜地里常会遇见它。

所有这些一年生的小草都还很有活力。不过，我知道到春季它们就不复存在了。这雪下的生命究竟包含着何种意义呢？这又做何种解释呢？我不得而知，还需要学习。

H. M. 帕甫洛娃

117

不会让森林变得死气沉沉

凛冽的寒风在森林里作威作福。叶子被吹尽的白桦、山杨、赤杨在风中摇曳，吱吱作响。最后一批候鸟正在匆匆地飞离故土。

夏季在我们这儿生息繁衍的鸟类还没有全部飞走，冬季的来客却已光临我们的大地。

每一种鸟类都有自己的口味、自己的习惯：有的飞往他乡越冬——到高加索、外高加索、意大利、埃及、印度，有的宁愿在我们列宁格勒州过冬。在我们这儿，它们觉得冬季挺暖和，也有充足的食物。

会飞的花朵

赤杨黑魆魆的枝条显得多么孤苦无依！上面没有一片树叶，地下也没有绿油油的野草。疲惫不堪的太阳无力地透过灰色的云层俯瞰着下界。

蓦然间，黑魆魆的枝头迎着阳光欢乐地绽放出了鲜艳的花朵。这些花朵大得异乎寻常，有白的、红的、绿的、金的。它们撒满了赤杨树黑色的枝头，如鲜艳夺目的斑点缀满了白桦树白色的树皮，纷纷坠到地面，宛如明亮的翅膀在空中飘摇。

犹如木笛的乐音在交相呼应。从地面传递到枝叶丛间，从树木传递到树木，从一片林子传递到另一片林子。是谁的歌喉？它们又来自何方？

北方来客

这是我们冬季的来客——来自遥远北方的小小的鸣禽。这里有小小的红胸红头的白腰朱顶雀，有烟蓝色的凤头太平鸟，它的翅膀上长着五根像手指一样的红色羽毛，有深红色的蜂虎鸟，有交嘴鸟——母鸟是绿的，公鸟是红的。这里还有金绿色的黄雀，黄羽毛的红额金翅雀，身体肥胖、胸脯鲜红丰满的红腹灰雀。我们这儿的黄雀、红额金翅雀和红腹灰雀已经飞往较为温暖的南方。而这些鸟儿却是在北方筑巢安家的。现在那里是如此寒冷的冰雪世界。在它们看来，我们这里已是温暖之乡了。

黄雀和白腰朱顶雀开始以赤杨和白桦的种子为食。凤头太平鸟、红腹灰雀则以花楸和其他树木的浆果为食。红喙的交嘴鸟啄食松树和云杉的球果。所以大家都吃得饱饱的。

东方来客

低低的柳丛上突然开满了茂盛的"白色玫瑰花"。"白色玫瑰花"在树丛间飞来飞去，在枝头转来转去，有抓力的黑色的细长脚爪爬遍了各处。像花瓣似的白色羽翼在熠熠闪动，轻盈悦耳的歌喉在空中啼啭。

这是云雀和白色的青山雀。

它们并不来自北方，它们经过乌拉尔山区，从东方暴风雪肆虐、严寒彻骨的西伯利亚辗转来到我们这里。那里早已是寒冬腊月，厚厚的积雪盖满了低矮的杞柳。

该睡觉了

布满天空的灰色云层遮住了太阳，天空中飞飞扬扬落下灰蒙蒙的湿雪。

肥胖的獾气呼呼地打着响鼻，摇摇摆摆地走向自己的洞穴。它满肚子不高兴，林子里又湿又泥泞。该下到地下更深的所在，到那干燥、清洁、铺着沙子的洞穴里。该躺下睡觉了。

森林中，羽毛蓬松的乌鸦——北噪鸦在密林里厮打，闪动着颜色像咖啡渣的、湿漉漉的羽毛，发出尖厉的哇哇鸦声。

一只老乌鸦从高处低沉地叫了一声，因为它看见了远处的动物死尸。它那蓝黑色的翅膀一闪，飞走了。

森林里静悄悄的。灰蒙蒙的雪花沉甸甸地落到发黑的树上，落到褐色的地面上。落叶正在地面上腐烂。

雪下得越来越密。鹅毛大雪撒落到发黑的树枝上，盖满了大地……

在严寒的笼罩下，我们州的河流一条接一条地结了冰：沃尔霍夫河、斯维里河、涅瓦河，最后连芬兰湾也结了冰。

摘自少年自然界研究者的日记：

最后一次飞行

在11月的最后几天，当皑皑白雪完全覆盖大地的时候，突然刮起了一股暖风。但是，积雪并没有开始消融。

清早我出去散步，一路上看见灌木丛里、树木之间、雪地上到处飞舞着黑色的小蚊子。它们疲惫无力、无可奈何地飞舞着，不知来自下面什么地方，结成一个圆弧的队形飞过，仿佛被风吹送着似的，尽管当时根本没有风，然后似乎歪歪斜斜地降落到雪地上。

中午以后，雪开始融化，从树上落下来。如果你抬头仰望，水珠就会落进眼里，或者像冷冰冰、湿漉漉的尘粒溅到脸上。这时，不知从哪儿冒出许许多多小小的苍蝇——也是黑色的。夏季的时候，我没有见过这样的蚊子和苍蝇。小苍蝇完全是乐不可支地在飞舞，只是飞得很低，低垂在雪地上方。

傍晚时天气又变得冷起来，苍蝇和蚊子都不知躲到了哪里。

驻林地记者　维里卡

追逐松鼠的貂

许多松鼠游荡到了我们的森林里。

在它们曾经生活过的北方，松果不够它们吃的，因为那里歉收。它们散居在松树上，用后爪抱住树枝，前爪捧着松果啃食。

有一只松鼠前爪捧着的松果跌落了，掉到地上，陷进了雪中。松鼠开始惋惜失去的松果。它气急败坏地吱吱叫了起来，从一根树枝到另一根树枝，一截截地往下跳。

它在地上一蹦一跳、一蹦一跳，后腿一蹬，前腿支住，就这样蹦跳着前进。

它一看，在一堆枯枝上有一个毛茸茸的深色身躯，还有一双锐利的眼睛。松鼠把松果忘到了九霄云外，嗖的一下纵身上了最先碰见的一棵树。这时，一只黑貂从枯枝堆里蹿了出来，紧随着松鼠追去。它迅速爬上了树干。松鼠已经到了树枝的尽头。

貂沿树枝爬去，松鼠纵身一跳！它已跳上了另一棵树。

貂把自己整个细长的身子缩成一团，背部弯成了弓形，也纵身一跳。

松鼠沿着树干迅速跑着，貂沿着树干在后面穷追不舍。松鼠很灵巧，貂更灵巧。

松鼠跑到了树顶，没有再高的地方可跑了，而且旁边没有别的树。

貂正在步步逼近……

松鼠从一根树枝向另一根树枝往下跳。貂在它后面紧追。

松鼠在树枝的最末端蹦跳，貂在较粗的树干上跑。跳呀，跳呀，跳呀，跳！已经跳到了最后一根树枝上。

向下是地面，向上是黑貂。

它无可选择：只能跳到地上，再跳上别的树。

但是，在地上松鼠可不是貂的对手。貂只跳了三下就将它追上，叫它乱了方寸，于是松鼠一命呜呼了……

兔子的花招

夜里，一只灰兔闯进了果园。凌晨时它已啃坏了两棵小苹果树，因为小苹果树的树皮是很甜的。雪花落到它的头上，它却毫不在乎，依然一面啃一面嚼。

村里的公鸡已经叫了一遍、两遍、三遍，之后响起了一声狗吠。

这时兔子忽然想起来，应该趁人们还没有起床，跑回森林去。四周是白茫茫的一片，它那棕红色皮毛从远处看去一目了然。它该羡慕雪兔了，现在那家伙浑身一片白。

夜间新降的雪既温暖又易留下脚印。兔子一面跑，一面在雪地里留下脚印。长长的后腿留下的脚印是拉长的，一头大一头小，短短的前腿留下的是一个个圆点。所以在温暖的积雪上每一个爪印、每一处抓痕都清晰可见。

灰兔经过田野，跑过森林，身后留下了长长的一串脚印。现在灰兔真想跑到灌木丛边，在饱餐之后睡上一两个小时。可糟糕的是，它留下了足迹。

灰兔耍起了花招，开始搅乱自己的足迹。

村里人已经醒来。主人走进果园——我的天哪！两棵最好的苹果树被啃坏了。他往雪地里一瞧，什么都明白了。树下留有兔子的脚印。他伸出拳头威胁说："你等着！你损坏的东西要用你的皮毛来还。"

主人回到农舍，给猎枪装上弹药，就带着它在雪地里走了。

就在这儿，兔子跳过了篱笆，这儿就是它在田野上跑的足迹。在森林里，脚印开始沿着一丛丛灌木绕圈儿。这也救不了你，我们会把圈套解了。

这儿就是第一个圈套。兔子绕着灌木丛转了一圈儿，把自己的足迹切断了。

这儿就是第二个圈套。

主人顺着后脚的脚印追踪着它，两个圈套都被他解开了，手中的猎枪随时可发。

慢着，这是怎么回事？足迹到此中断了，四周的地面上干干净净，了无痕迹。如果兔子跳了过去，应该看得出来。

主人向脚印俯下身去。嘿嘿！又来了新的花招。兔子向后转了个身，踩着自己的脚印往回走了。爪子踩在原来的脚印里，你一下子识别不出脚印被踩了两遍，这是双重足迹。

主人就循迹往回走，走着走着他又到了田野里。那就是说他刚才看走了眼，也就是说那里兔子还要了什么花招。

他回去又顺着双重足迹走。啊哈，原来是这样！双重足迹不久就到了头，接下去又是单程的脚印。这就意味着，你得在这儿寻找它跳往旁边的痕迹。

好了，这不就是嘛！兔子纵身一跃，越过了灌木丛，于是就跳到了一旁。又是一串均匀的脚印，又中断了，又是越过灌木丛的新的双重足迹，接着就是一跳一跳地向前跑。

现在得分外留神……还有一处向旁边跳跃的脚印。兔子就躺在那一丛灌木下。你要花招吧，骗不了我！

兔子确实就躺在附近。只是并未躺在猎人认为的灌木丛下面，而是在一大堆枯枝下面。

它在睡梦中听到了沙沙的脚步声，走近了，更近了……

兔子抬起了头——有人在枯枝堆上行走。黑色的枪管垂向地面。

兔子悄悄地爬出了洞穴，猛地一下蹿到了枯枝堆的外面。白色的短尾巴在灌木丛间一闪而过——能看见的就这一下子。

主人一无所获地回到了家里。

隐身的不速之客

又一个夜间盗贼来到我们森林里，要见它一面极其困难。夜里黑得伸手不见五指，而白天又无法把它和白雪分辨清楚。它是极地的居民，披在身上的颜色近似北极永久的积雪。这里说的是一种北极的白色猫头鹰。

它的个头儿几乎与雕鸮相当，力量则略逊一筹。它捕食大小鸟类、老鼠、松鼠、兔子。

它故乡的冻土带是如此寒冷，所以几乎所有的兽类都躲进了洞穴，鸟类则已远飞他乡。

饥饿迫使白色猫头鹰踏上旅途，来到我们这儿安家落户。在春季到来之前，它并不打算还乡返程。

啄木鸟的打铁铺

我们家的菜园外面有许多老的赤杨树、白桦树，还有一棵挂着几个球果的很老很老的云杉树。于是，就有一只色彩斑斓的啄木鸟为了这些球果飞来了这里。啄木鸟停到树枝上，用长长的喙摘下一颗球果，又沿着树干向上跳去。它把球果塞进一个缝隙里，开始用长喙啄打它。从里面获取种子后，就把球果往下一推，又去摘第二颗了。在同一个缝隙里，它又塞进第二颗球果，接着又塞进第三颗，就这样一直操劳到天黑。

驻林地记者　Л.库博列尔

去问熊吧

为了躲避凛冽的寒风，熊喜欢地势低的地方，甚至在沼泽地，在茂密的云杉林里，为自己安顿一个冬季的隐身场所——熊洞。但有一件事就奇怪得很，如果冬季不太冷，会出现解冻天气，那么所有的熊必定睡到地势高的地方，在小山冈上，在开阔的高地。这一点经受了许多代猎人的检验。

这好理解，因为熊害怕解冻天气。确实是这样，如果在冬天，它肚子下面潺潺流淌着融化的雪水，后来又气温骤降，结了冰的雪就会把米什卡蓬松的皮毛变成铁一般的板条，那可怎么办？这时就顾不上雪了，得一跃而起，满林子东游西荡去，无论如何得让身子暖和一下！

可如果不睡觉，东游西荡，就要消耗自己储存的体力，这就意味着得吃点儿东西，进点儿食物来补充体力。但是，冬天森林里熊没有可吃的东西。所以，它眼看着会有暖冬出现，就选择高处筑洞，这样就算是在解冻天气，它身下也不会浸湿。这一点我们可以理解。

然而，它究竟如何得知，凭什么征兆来感觉到以后会出现怎样的冬天，是不太冷的还是寒气逼人的？为什么还在秋天的时候，它就能正确无误地为自己选择筑洞的地点，或在沼泽，或在山冈？这一点我们不得而知。

爬到熊洞里，就这件事问熊去吧。

只按严格的计划行事

"森林里边，地狱阴间。"在俄罗斯的古代，人们这样传说。"谁在森林干活儿糊口，死神立马临头。"

　　早先伐木和砍柴的生活是充满凶险的。只有一把斧头当武器的人们，像对待凶恶的敌人一样对付绿色的朋友。要知道，锯子来到我们身边完全是不久前的事，仅仅在18世纪。

　　为了整天挥舞斧头，人需要有勇士的力量，还需要钢铁般的体质，才能在天寒地冻的气候下，冒着狂风暴雪，只穿一件单衣在白天劳动，夜晚则在无烟囱的过冬小屋或就在小窝棚里，盖着毯子，傍着直烟道的灶头睡觉。

　　春天，伐木工人在林子里受的苦还要厉害。

　　他们需要把一个冬天砍伐的木材拖出林子，运到河边，等到河水开冻，再把沉重的原木滚进水里，于是——母亲河，你把它们运走吧！河流知道往哪儿运。

　　木材运到哪里，感谢之声也跟到哪里……于是沿河建起了一座座城市。

　　那么，在我们的时代怎么样呢？在我们的时代，"伐木""砍柴"这两个词早就过时了，完全改变了原来的意思。我们已经不需要用斧头来砍伐巨大的树木，砍削它们的枝丫。这一切都由机器替我们来做。连通往森林里面的道路也由机器来开辟、平整，再沿这些路把原条木材拖出林子。

　　你看，这就是林间履带拖拉机——推土机巨人般的力量。这头沉重的钢铁怪物乖乖地服从创造它的人的意志，向着无路通行的密林推进，如压草一般推倒面前数百年的大树。它轻松地把大树连根掘起，堆到两边，耙开枯枝，压平地面，于是路筑成了。

　　路上载着流动电站的汽车飞奔而来。工人们手持电锯走向棵棵大树，电锯后面蜿蜒曲折地拖着包着橡胶的电线。电锯尖利的钢齿如刀切油脂般切进坚固的木材，直径半米的巨大树干半分钟内就锯断了。而如此巨大的一棵树要一百年才能长成。

　　当周围百米之内的树木都倒下以后，汽车就载着电站继续前进，强大的集材拖拉机就开到了它的位置。它一下子抓住几十根原条——没有削去树枝的树木，拖向运输木材的道路。

　　巨大的木材牵引车沿途把木材运往窄轨铁路。那里已经有一个人——司机——在驾驶长长的一列平车，上面装着数千立方米的木材，驶向铁路边或河边的木材仓栈。在那儿，木材被加工成原木、板材、造纸木材。

就这样，在我们的时代，借助机器采伐的木材就出现在最偏远的草原村落、城市、工厂——一切需要它的地方。

任何人心里都明白，借助如此强大的技术可以采伐林木，但是要严格按国家统一计划行事，否则，我们这个森林资源最为丰富的国家就可能突然变得完全无林可伐。在现代技术条件下，要消灭一片森林是再简单不过的事，可是它成长起来却是那么缓慢，需要几十年的时间。

在采尽木材的地方，我们马上用各品种的树木种植新的森林。

成长启示

森林被誉为"地球之肺"，而树木是其重要组成部分。森林能调节气候，保持生态平衡，防风固沙，涵养水土，营造一片优质的生活环境。许多物种的生存与生活也是依托在森林之上的。森林是它们的家园，也是我们生态系统中不可或缺的一部分，为了它们也为了我们自己，让我们一起保护环境，保护森林资源，保护我们共同的家园。

要点思考

1.通过阅读，请说一说哪些动物的生存要依托森林。

2.保护森林资源也是保护环境的一部分，想一想还可以做些什么来保护环境。

眼看冬季将临，田间的劳动者们正在忘我地工作着，小动物们也在为过冬做着准备，热闹的农庄因为一场雪的降临而显得分外美丽，这里还在发生许多我们不知道的事。

农庄纪事

我们的集体农庄庄员们今年进行了出色的劳动。每公顷收获1500千克，这在我们州的许多农庄是很普通的事，收获2000千克也并不稀罕。而斯达汉诺夫小队创造出的高产，使得先进生产者有权荣膺"社会主义劳动英雄"的光荣称号。

国家因光荣的劳动者在田间的忘我劳动而向他们表示敬意。她用"社会主义劳动英雄"的光荣称号、勋章和奖章表彰集体农庄庄员的成绩。

眼看着冬季将临。

各农庄的大田作业已经结束。

妇女们正在奶牛场劳作，男人们正在喂养牲口。有猎狗的人离开村子捕猎松鼠去了。许多人去采运木材了。

一群灰色的山鹑簇拥着，越来越向农舍靠近。

孩子们跑向学校。他们白天放置捕鸟器，乘滑雪板和雪橇从山上滑雪下来；晚上准备功课和阅读。

斯达汉诺夫原是一名矿工，因使用风镐创造了采煤记录而闻名，并成为先进典型。在任何一个领域只要尽心耕耘都可以有一番作为。

居住在临近森林的农庄里，孩子们的生活无比丰富。亲近自然，会给我们的生活带来无限乐趣。

129

我们比它们更有招数

下了很大一场雪。我们发现老鼠在雪下挖了通向我们苗圃中年轻树苗的坑道。可我们比它们更有招数，我们立马在每一棵苗木树干的周围把积雪踩得结结实实。这样，它们就无法到达树苗的跟前了。如果哪一只老鼠跳到积雪外面，那数到二它就冻死了。

进入我们花园的还有兔子，我们也找到了防御它们的办法，即把所有树苗的树干用麦秸和有刺的云杉树枝包起来。

季马·博罗多夫

集体农庄新闻

H. M. 帕甫洛娃

挂在细丝上的屋子

是否可能住在挂在一根细丝上的、风中摇曳的小屋里，度过整个冬季呢？而且住在尽管墙壁和纸一样薄，里面却没有任何取暖设备的小屋里？

你们想象一下，这居然可行！我们见到过许多如此简陋的屋子。它们用蛛丝般的细丝挂在苹果树的枝头，小屋是用干树叶做成的。农庄庄员们把它摘下来消灭掉。原来小屋里的居民并非良善之辈，而是山楂粉蝶的幼虫。如果留它们过冬，到春季它们就会啃啮苹果树上的花蕾和花朵。

灾害来自森林，救星也来自森林！

昨天夜里，在光明大道集体农庄发生了一桩犯罪未遂案件。午夜时分，一只大兔子溜进了果园。它企图啃食苹果树的树皮。但是，苹果树的树皮似乎跟云杉树皮一样有刺。兔子这个匪徒在多次尝试没有得手后，就放弃了光明大道集体农庄的果园，隐入了最近的林子里。

农庄庄员们预见到来自森林的匪徒会袭击他们的果园。所以他们砍了许多云杉枝条，预先用它们包裹了自己的苹果树树干。

> 智慧的人类利用森林中现有的云杉枝条让企图偷食小苹果树皮的兔子没能得逞，你还能想到哪些应对兔子偷袭的方法呢？

深棕色的狐狸

市郊红旗集体农庄里建立了一个兽类养殖场。昨天，运来了一批深棕色的狐狸。一群人围拢来迎接农庄的新居民。就连刚学会跑的学前儿童也来了。

狐狸心怀疑虑、怯生生地看着围过来的人群，只有一只突然若无其事地打了个哈欠。

"妈妈，"一个在白头巾上戴了顶帽子的小孩儿叫了一声，"别给这只狐狸围围巾，它会咬人！"

在暖房里

劳动者集体农庄里正在挑拣小小的洋葱头和同样小小的洋芹菜根。

"这是在给牲口准备饲料，是吗，爷爷？"生产队长的孙女问道。

勤劳的农民伯伯总会在土地里种植出我们喜欢吃的各种蔬菜，这些被精心打理的绿色蔬菜对我们的身体健康是有很大助益的。

"不是的，小孙孙，你猜错了。这些东西我们马上要种到暖房里——不管是洋葱还是洋芹菜。"

"为什么呀？让它们长高些？"

"不是的，小孙孙，这么做是为了让它们常常给我们提供绿色蔬菜。冬天我们还将像种青葱一样播种马铃薯，我们将在汤里吃到洋芹菜等绿叶蔬菜。"

用不着盖厚被子

上星期天，外号"犟嘴傻大个儿"的九年级学生米卡在曙光集体农庄待着。在马林果灌木丛边，他偶然遇见了生产队长费多谢伊奇。

"怎么样，爷爷，你的马林果树会不会冻死啊？"米卡显得很内行的样子问。

"不会，"费多谢伊奇答道，"它在雪下面过冬挺好的。"

"在雪下面？爷爷，你脑子没问题吧？""犟嘴傻大个儿"米卡接着问，"你要知道你的马林果树比我的个儿还高，难道你指望下这么深的雪吗？"

"我指望下和平常一样的雪，"爷爷回答，"那你这个有学问的人说说看，你冬天盖的被子厚度超过你的个儿没有？"

"提我的个儿干吗？"米卡笑了起来，"我盖被子的时候是躺着的。你明白吗，爷爷，躺——着！"

"可我的马林果树也是躺着盖的雪被子。只不过，你这个学问家是在床上躺，而马林果树呢？"老爷爷把它弯向了地面，"我把一丛灌木压向另一丛灌木，再把它们彼此扎在一起。这样它们就朝地面躺啦。"

"爷爷，你比我想象的要聪明。""犟嘴傻大个儿"

米卡说。

"只可惜你没有我想象的那样聪明，你恰恰是这么个人。"费多谢伊奇回答。

助 手

现在，每天可以在农庄的粮仓见到孩子们的身影。其中一部分人帮助选种，以便春季里在田间播种；另一些人在菜窖里劳动，挑选上好的马铃薯做种。

男孩儿们在马厩和打铁工场帮忙。

许多孩子无论在奶牛场、猪圈、养兔场，还是家禽养殖场，都有自己的辅导对象。

我们既在学校学功课，也在家里按时帮忙干农活。

少先队大队长 尼古拉·利瓦诺夫

阅读链接

温 室

在《在暖房里》这则故事中，爷爷提到要将小小的洋葱头和洋芹菜根种到暖房里，这里的"暖房"又叫温室，是专供在寒冷季节培育喜温植物的房屋。它的作用就是防寒、加温，大多数的温室都是透光的，以便植物能够更好地进行光合作用。温室不仅可以种植蔬菜，还可以种植花卉、林木，它的出现为我们的生活提供了很大的便利。

在凛冽的寒风中，都市又发生了哪些趣闻？下午的冰上集会都有谁参与了？有人见到保护树木的侦察员了吗？那围廊上的免费食堂都有哪些美食？树林中总会有奇奇怪怪的声音传出，到底是谁在发号施令？让我们一起揭开幕布……

都市新闻

瓦西列奥斯特洛夫斯基区的乌鸦和寒鸦

涅瓦河结冰了。现在每天下午四点，都有瓦西列奥斯特洛夫斯基区的乌鸦和寒鸦飞来，降落到施密特中尉桥（八号大街对面）下游的冰上。

经过一番吵吵闹闹的争执后，这些鸟儿分成了几群，然后飞往瓦西里岛上各家花园里过夜。每一群鸟儿都在自己最中意的花园里宿夜。

侦察员

城市花园和公墓的灌木与乔木需要保护。它们遇到了人类难以对付的敌害。这些敌害是那么狡猾、微小和不易察觉，连园林工人都发现不了。这时就需要专门的侦察员了。

这些侦察员的队伍可以在我们的公墓里和大花园见到，在它们工作的时候。

它们的首领是穿着花衣服、帽子上有红帽圈的啄木鸟。它的喙就像长矛一样。它用喙啄穿树皮。它断断续续地大声发号施令："基克！基克！"

接着，各种各样的山雀就闻声飞来：有戴着尖顶帽的凤头山雀；有褐头山雀，它的样子像一枚帽头很粗的钉子；有黑不溜秋的煤山雀。这支队伍里还有穿棕色外套的旋木雀，它的嘴像把小锥子；以及穿蓝色制服的䴓（shī），它的胸脯是白色的，嘴尖尖的，像把小匕首。

啄木鸟发出了命令："基克！"䴓重复它的命令："特甫奇！"山雀们做出了回应："采克，采克，采克！"于是整支队伍开始行动。

侦察员们迅速占领各棵树的树干和树枝。啄木鸟啄穿树皮，用针一般尖锐而坚固的舌头从中捉出小蠹虫。䴓则头朝下围着树干打转，把它细细的"小匕首"伸进树皮上的每一个小孔，它会在那里发现某个昆虫或它的幼虫。旋木雀自下而上沿树干奔跑，用自己的歪锥子挑出这些虫子。一大群开开心心的山雀在枝头辗转飞翔。它们察看每一个小孔，每一条小缝，任何一条小小的害虫都逃不过它们敏锐的眼睛和灵巧的嘴巴。

既是食槽又是陷阱的小屋

饥寒交迫的时节到了，请为我们了不起的小朋友——鸣禽想想。

如果您居住的房子有附属的花园或者用篱笆围住的屋前小花园，您很容易把鸟儿吸引到自己身边，在没有食物的季节喂养它

们，在严寒和风暴天气给它们庇护，事先放置居住的小平台让它们
当窝。假如您想从这些出色的歌手中引诱这只或那只到自己的房间
里，您立马可以将它逮住。为了实现这一切，一间小屋可以为您效
力，它的样子画在本文中。

　　在小屋的围廊上您的免费食堂里，放上大麻子、大麦、黍子、
面包屑和肉末、没腌过的肥肉、凝乳、葵花子，款待来客。即使您
在大城市居住，最有趣的居民也会聚拢来享用您款待他们的美食，
还会住到您的家里。

　　您可以在小回廊上的活动小门和您的气窗之间拉一根铁丝或绳
子，到您需要的时候把小门关上。

　　或者这样更有趣！——给捕鸟器来个电气化。

　　不过，您别想在夏天捕捉自己的小房客，那样就会叫小鸟送命。

随着气温的降低，动物们开始长出细细的绒毛，用以抵抗寒冷的冬季，人们在此看到了商机，11月的狩猎活动正式打响。莱卡狗成了猎人的新帮手，在这次的狩猎活动中它又发挥着怎样的作用呢？

狩猎纪事

秋季开始捕猎皮毛有实用价值的小兽。快到11月的时候，它们的皮已清理干净，换上新毛——夏季轻薄的皮毛换成了暖和稠密的冬装。

捕猎松鼠

小小的野兽松鼠有什么了不起？

在我们苏联的狩猎业里，它比其余所有野兽都重要。只装松鼠尾巴的大货包在全国每年的销售量达数千包。人们用蓬松的松鼠尾巴制作帽子、衣领、护耳和其他保暖用品。

松鼠毛皮和尾巴是分开销售的。松鼠毛皮用来做大衣、毛皮短披肩。人们制作漂亮的浅灰色女式大衣，重量很轻又很暖和。

一旦降下第一场雪，猎人们就出发去捕猎松鼠。在松鼠多又易捕获的地方，连老人甚至12至14岁的男孩儿也加入了捕猎松鼠的行列。

猎人们结成不大的合作猎队，或单独行动，在森林里一住就是几个星期。从早到晚乘着短而宽的滑雪板在雪地里徜徉，用猎枪射击松鼠，放置捕兽器，静候观察。

他们在土窑或很低的小窝棚里过夜，在那些窝棚里连身体都无法站直，这就是他们被白雪覆盖的越冬住所。他们做饭的地方是样子像壁炉的直烟道小灶。

猎人捕猎松鼠的首选伙伴是莱卡狗。没有它，猎人就像失去了眼睛。

莱卡狗完全是一种特殊的犬种，属于我们的北地犬，在冬季原始森林里的狩猎活动中，世界上没有任何一种猎犬可以和它匹敌。

莱卡狗为您寻找白鼬、黄鼬、水獭、水貂的洞穴，替您把这些小兽咬死。夏天，莱卡狗帮您从芦苇荡里赶出野鸭，从密林里赶出公黑琴鸡。它不怕水，即使冰冷的水，当河面结起冰凌时它还能够下水去叼回被打死的野鸭。秋季和冬季，莱卡狗帮主人捕猎松鸡、黑琴鸡，这两种鸟儿在这个时节面对伺伏的猎狗沉不住气。莱卡狗坐在树下，不时发出汪汪的叫声，以此吸引它们的注意。

带上莱卡狗，您在黑土路和积雪的土路上能找到驼鹿和熊。

如果您遭遇可怕野兽的攻击，忠实的朋友莱卡狗不会出卖您，它会从后面咬住野兽，让主人赢得重新装弹的时间，把野兽打死，或者牺牲自己。但是，最叫人惊讶的莫过于莱卡狗会帮猎人找到松鼠、貂、黑貂、猞猁，这些都是在树上生活的野兽。任何一条别的狗都找不到树上的松鼠。

冬季或晚秋时节，您在云杉林、松林、混合林里行走。这里静悄悄的，任何地方都没有轻微的动作，也没有闪动和叫声。似乎周围是空无一物的荒漠，连一只小兽也没有，一片死寂。

然而，您带上莱卡狗走进这片林子就不会寂寞无聊。莱卡狗会在树根下找出白鼬，把雪兔从睡梦中惊起，顺便吃上一只林中的老鼠，不管不露痕迹的松鼠在稠密的针叶丛里躲藏得多深，莱卡狗都能发现。

确实，如果空中的小兽不偶然下到地面，莱卡狗怎么能找到松鼠呢？要知道狗既不会飞，也不会上树呀！

无论猎人带的是用于追踪野禽的追踪犬，还是寻找兽迹的撵山犬，这两种猎犬都需要有灵敏的嗅觉。鼻子是追踪犬和撵山犬主要和基本的工作器官。这些品种的狗可以视力很差，耳朵完全失聪，却仍然能出色地工作。

而莱卡狗却一下子具备了三个工作器官：细腻的嗅觉、敏锐的视力和灵敏的听力。莱卡狗能一下子把这三个器官都调动起来。与其说这三者是器官，不如说是莱卡狗的三个"仆从"。

只要松鼠的爪子在树枝上抓一下，莱卡狗那双竖起的时刻警戒的耳朵就已经对主人悄悄说："野兽在这儿。"松鼠的爪子在针叶丛中稍稍一晃，眼睛就告诉莱卡狗："松鼠在这儿。"风儿把松鼠身上的一股气息吹送到了下面，鼻子就向莱卡狗报告："松鼠在那边。"

借助自己的这三个"仆从"发现树上的小兽以后，莱卡狗就忠诚地把自己第四个"仆从"——嗓子，献给了打猎的主人。

一条优秀的莱卡狗不会向野兽或野禽藏身的树上扑过去，也不会用爪子去抓树干，因为这样会惊动藏身的小兽。一条优秀的莱卡狗会坐在树下，眼睛死死盯住松鼠躲藏的地方，不时发出阵阵吠叫，保持高度警戒。只要主人还没有到来或呼唤它回去，它不会从树下离开。

捕猎松鼠的过程本身十分简单：小兽已被莱卡狗发现，它的注意力也被猎狗牢牢吸引，留给猎人的就是无声无息地靠近，不做出剧烈的动作，再就是好好瞄准。

用霰弹枪击中松鼠是不成问题的。一个职业猎手会用单颗枪弹射击这种小兽，而且一定要击中头部，以免损伤皮毛。冬季松鼠抵御枪伤的能力很强，所以射击要十分准确。否则它就躲进稠密的针叶丛里，再也不会出来。

捕猎松鼠还可以用捕兽器或别的捕兽工具。

捕兽器是这样放置的：取两块短的厚木板，在树干之间将它们固定；用一根细木棍支撑上面的木板，使它不落到下面的板上，木棍上绑上有气味的诱饵——烤熟的蘑菇或晒干的鱼。松鼠稍稍拖一下诱饵，上面的板就落了下来，啪的一声压住了小兽。

只要雪不很深，整个冬季猎人都在捕猎松鼠。春季松鼠正在换毛，所以直到深秋，在它重新穿上茂密的浅灰色冬装前，人们都不会碰它。

带把斧头打猎

在用猎枪捕猎毛皮有经济价值的凶猛小兽时，猎人与其使用猎枪，还不如使用斧头。

莱卡狗凭感觉找到了藏在洞里的黄鼬、白鼬、银鼠、水貂或水獭，把小兽赶出洞穴便是猎人的事了。可这件事做起来并不容易。

凶猛的小兽在土里、石头堆里、树根下面安置自己的洞穴。感觉到危险以后，它们绝对不会离开自己的藏身之所。猎人只好用探棒或小铁棍长久地在洞穴里搅，或者干脆用双手扒开石块儿，用斧头砍掉粗树根，刨开冻结的泥土，再就是用烟把小兽从洞里熏出来。

不过只要它一跳出来，就再也逃不走了。莱卡狗不会放过它，会把它咬死。或者猎人瞄准了它，开枪。

猎　貂

捕猎林中的貂难度更大，猎人发现它觅食小兽或鸟类的地方是不成问题的——这里雪被践踏过了，还留有血迹。可是寻找它饱餐以后的藏身之所，就需要一双十分敏锐的眼睛。

貂在空中逃遁，从这一枝条跳上那一枝条，从这棵树跳向那棵树，就如松鼠一样。不过，它依然在下面留下了痕迹，折断的树枝、兽毛、球果、针叶、被爪子抓落的小块树皮，都会从树上掉落到雪地里。有经验的猎人根据这些痕迹就能判断貂在空中的行走路线。这条路往往很长——有几千米，应当十分留神，一次也不能偏离了踪迹，按坠落物寻找貂的行踪。

当塞索伊·塞索伊奇第一次找到貂的踪迹时，他没有带狗。他自己跟随踪迹去找寻貂的去向。

　　他乘着滑雪板走了很久，有时胸有成竹地快速走过一二十米——那是在野兽下到雪地里，在雪上留下脚印的地方，有时慢慢腾腾地向前移动，警觉地察看空中旅行者留在路上依稀可见的标记。在那一天，他不止一次叹息没有把自己忠诚的朋友莱卡狗带上。

　　塞索伊·塞索伊奇在森林里一直找到夜幕降临。

　　小个儿的大胡子烧起了一堆篝火，从怀里掏出一大片面包，放在嘴里嚼着，然后好歹睡过了一个长长的冬夜。

　　早晨，貂的痕迹把猎人引向一棵粗壮干枯的云杉。这可是成功的机会。在云杉树干上，塞索伊·塞索伊奇发现了一个树洞，野兽应当在此过夜，而且肯定还没有出来。

　　猎人用右手拿住枪，扳起了扳机，左手举起一根树枝，用它在云杉的树干上敲了一下。他敲了一下就把树枝扔了，然后用双手端起了猎枪，以便貂一跳出来就能立马开枪。

　　貂没有跳出来。

　　塞索伊·塞索伊奇又捡起树枝。他更使劲地敲了一下树干，然后使劲地再敲了一下。貂没有出现。

　　"唉，在睡大觉呢！"猎人沮丧地自忖道，"醒醒吧，睡宝宝！"

　　但是不管他怎么敲，只有敲打声在林子里回响。

　　原来貂不在树洞里。

　　这时，塞索伊·塞索伊奇才想到要围着云杉看个究竟。

　　这棵树里面都空了，树干的另一面还有一个从树洞出来的口子，在一根枯枝的下方。枯枝上的积雪已经掉落，说明貂从云杉树干的这一面出了树洞，溜到了邻近的树上，凭借粗大的树干挡住了猎人的视线。

　　没有办法，塞索伊·塞索伊奇只好继续去追赶这头野兽。

　　整整一天，猎人搅在依稀可见的踪迹布下的迷局里。

　　天已经暗下来，当时塞索伊·塞索伊奇碰到的一个痕迹明确地表明，野兽并不比追捕者高明多少。猎人找到了一个松鼠窝，貂从这里把松鼠赶了出来。很容易探究清楚的是，凶猛的小兽曾长久追赶自己的猎物，最终在地面上追上了它。筋疲力尽的松鼠已不再打算跳跃，就从树枝上摔落下去，这时貂便连跳了几大步赶上了它。

貂就在这儿的雪地里用了午餐。

确实，塞索伊·塞索伊奇跟踪的痕迹是正确的。但是他已无力继续追踪野兽了。从昨天以来他什么也没有吃过，他连一丁点儿面包也没有了，而现在逼人的寒气又降临了，再在林子里过一夜就意味着冻死。

塞索伊·塞索伊奇极其懊丧地骂了一句，就开始沿自己的足迹往回走。

"要是追上这鬼东西，"他暗自想道，"要做的就一件事——把一次装的弹药都打出去。"

塞索伊·塞索伊奇窝着一肚子火从肩膀上卸下猎枪，在再次经过松鼠窝时，瞄也不瞄就对着它开了一枪。他这样做只是为了排遣心头的烦恼。

树枝和苔藓从树上纷纷落下来，在此之前，一只在临死前的战栗中扭动身子的毛皮丰厚、精致的林貂，落到了惊讶万分的塞索伊·塞索伊奇的脚边。

后来塞索伊·塞索伊奇得知，这样的情况并不少见。貂捉住了松鼠，把它吃了，然后钻进被它吃掉的洞主的温暖小窝里，蜷缩起身子，安安宁宁地睡个好觉。

本报特派记者

黑夜和白昼

快到 12 月中旬时，松软的积雪已经齐膝深了。

在日落的时候，一群黑琴鸡停在落尽树叶的白桦树顶上，绯红的天幕映衬出它们黑色的身影。接着它们一只接一只地飞到下面，钻进雪地里，就不见了踪影。

夜幕降临了，没有月光，要多黑有多黑。

在黑琴鸡消失的林间空地上，塞索伊·塞索伊奇出现了。他手里有一张网和一个火把，浸了松脂的麻絮烧得旺旺的，于是黑暗就如幕布一样向两旁退去了。

塞索伊·塞索伊奇警觉地向前移步。

突然，在他前面两步远的地方从雪地里蹿出一只黑琴鸡。明亮的火光使黑琴鸡看不见东西，它像一只巨大的甲虫那样在原地无奈地打转。猎人利索地用网扣住了它。

塞索伊·塞索伊奇就这样在黑夜里活捉黑琴鸡。

但是在白昼，他却在大路上，乘着雪橇向它们开枪。

这就叫人纳闷了。停在树梢上的鸟群无论如何也不会让徒步的人走近对它们开枪射击，可是这个猎人如果坐在雪橇上，即使带着农庄的整个车队驶过，同样的这些黑琴鸡却不会想到从他身边逃命！

成长启示

在这次猎貂的过程中，塞索伊·塞索伊奇虽然在第一次伏击中失败了，但在第二次的无意发泄中却打中了林貂。就像我们时常听到的那句"有心栽花花不开，无心插柳柳成荫"一样，在很努力地想要完成一件事或是得到一件东西时，结果反而不能如愿，但在无意之中，事情往往能得到较好的结果。遇到问题不执拗、不固执，积极应对，多多尝试才是解决问题正确的方法。

要点思考

1. 在秋三月的狩猎场上，猎人们都捕了哪些猎物？

2. 在"狩猎纪事"中，出现了很多奇特的狩猎方法，哪些让你印象深刻？

射靶：竞赛九

1. 虾在哪里过冬？

2. 对鸟类来说什么更可怕——是寒冷还是冬季的饥饿？

3. 如果兔子身上的毛色变白得比较晚，那么这年的冬季来得早还是晚？

4. "啄木鸟的打铁铺"是怎么回事？

5. 什么样的夜间猛禽在我们这儿只在冬季出现？

6. "兔子的花招"是怎么回事？

7. 秋冬两季乌鸦在哪里睡觉？

8. 最后一批海鸥和野鸭什么时候飞离我们这儿？

9. 秋冬两季，啄木鸟和哪些鸟儿结成伙伴？

10. 善于辨认足迹的人称什么为"爪迹"？

11. 猫的眼睛在白昼和黑夜是否相同？

12. 善于辨认足迹的人称什么为"双重足迹"？

13. 善于辨认足迹的人称什么为"兔迹"？

14. 什么野兽到冬季除了尾巴尖儿全身都变白了？

15. 下图画有食草兽和食肉兽的头骨。如何根据牙齿将它们区别？

16. 无手无脚能敲门，只为请求把屋进。（谜语）

17. 两个闪闪亮，四个跑如飞，一个睡大觉。（谜语）

18. 我自海水来，就怕入大海。（谜语）

19. 比炭还黑，比雪还白，比房还高，比草还低。（谜语）

20. 走着一个男子，穿着一双靴子，肩上的袋子越重越乐意。（谜语）

21. 院子里立着草垛，前面大草叉，后面是大扫把。（谜语）

22. 走在地上，望在天上，没有痛在身上，哼哼唧唧在嘴上。（谜语）

23. 既无窗也无门，房里挤满了人。（谜语）

24. 长一长高一高，从树丛里爬出来，放在掌心能打滚，放在齿间啃。（谜语）

公告："火眼金睛"称号竞赛（八）

谁做了什么？

图1

这是什么足迹？

图2

这里的屋顶上有动物在原地打转。这是什么？为了什么？

图3

雪地里的小圆窝是什么？谁在这儿过夜了？留下的脚印和羽毛是什么动物的？

图4

这里发生了什么？为什么有这么多蹄印？树杈上留下的角是什么动物的？

请设立供鸟类就餐的免费食堂

可以直接在窗外用绳子悬挂一块板，上面撒上食料：面包屑、干燥蚂蚁卵、面粉蛀虫、蟑螂、煮老的鸡蛋和凝乳碎屑、大麻子、花楸浆果、红莓苔子、莱菔、黍、燕麦、刺实。

不过更好的办法是，将一个有食料的瓶子固定在树干上，下面放一块板。

还有更好的办法是，在花园里放置一只名副其实的带盖食料台，以免雪撒在上面。

帮助挨饿的鸟类

记住：我们小小的朋友——鸟类正面临艰难的时刻、饥饿的时刻、凶恶的时刻。别等待春天的来临，现在就要为它们建设舒适、温暖的小屋——把圆木挖空做成的小桶、椋鸟窝、小窝棚。这样，你就帮它们在毁灭性的恶劣天气中得到了庇护。为了躲避寒冷的风雪，许多鸟紧紧地挤在一起，向人类靠近，躲到屋檐下，在门口台阶下过夜，有一只小小的鹪鹩甚至到钉在村中柱子上的邮箱里过夜。

请在椋鸟窝和圆木小桶里（参见第一、第二期公告）放上绒毛、羽毛、碎布，这样鸟儿们就有了暖和的羽绒褥子和被子了。

哥伦布俱乐部：第九月

报告：《我们的新兽类》/ 来自远东 / 引自俄罗斯的历史 / 来自北美和南美的移民 / 为了美 / 理想和计划

10月，在俱乐部例会上，拉和老海狼沃夫克做了题为《我们的新兽类》的报告。

"在我们的时代，"沃夫克开始说，"长年在本地居住的老人经常会陷入尴尬的境地。不久前就发生了这样一件事，一位本地的老爷爷坐在屋前墙根的土台上晒太阳。他来我们列宁格勒州居住，还是我们州称为列宁格勒省的时候。当时老爷爷还以狩猎为生，很清楚我们这儿有哪些野兽。

"突然从森林中跑出闹闹嚷嚷的一群小孩子。

"'爷爷！'他们喊道。'你看我们抓住了一只什么样的野兽！'

"于是他们给老爷爷看一只完全陌生的年轻小兽，它的皮毛是色彩斑斓的，有一副长胡子的尖嘴脸。

"老爷爷瞧了瞧说道：

'这是条小狗，不知是哪一家的小狗崽。去打听打听，谁家养了这个品种的狗，问问别墅人家，然后把它交还给主人。'

"孩子们发誓是在林子里找到的，在树根下的一个洞穴里，那里当时还有十多只小狗，可是都逃散了。这只是野生的。

"老爷爷甚至觉得受了委屈：

'怎么，我还认不出野兽？那就是一条逃跑在外的狗在林子里生的小狗——就是这么回事！既然不是狐狸，不是獾，不是狼，那就是狗。可我们这儿从来没有过野狗。'

"老爷爷说得不错，确实'从来没有过'。可现在却繁殖起来了。在离我们10 000千米远的地方——在远东，在乌苏里边疆区繁殖野狗。一种很好的野狗——皮毛珍贵的小兽，样子像美洲熊——浣熊。所以它就得了个名字：浣熊狗或乌苏里浣熊。1929年，我们的狩猎学家首次尝试把20只浣熊狗从东部迁到西部。试验成功了，小兽对新地方的生活习惯了。于是，在1934年着手大规模地迁养乌苏里浣熊——如今它很好地在我国70多个州生活。它们居住在光线充足的林子里，在树丛里、高高的草丛里、芦苇丛里。每一对浣熊狗每年能产15只幼崽。在严寒凛冽的地方，它们就钻进洞里冬眠，度过整个冬季。它们已到处繁殖起来，所以那些地方就允许对它们狩猎了。

　　"小兽带来的好处不光是它的毛皮——适合做大衣，还有一点，就是它捕食许多老鼠、田鼠和别的啮齿动物。它也有一点不好，它在哪儿发现黑琴鸡、山鹑、野鸭的窝，就一定把它捣毁！所以猎人不喜欢它……

　　"不过我开始时说的老爷爷。他又遇上了一件更伤脑筋的事。

　　"现在老爷爷已经习以为常了，这儿现在不仅像当初在我国消灭野牛——原牛和欧洲野牛那样正在消灭一直在这里生活的野兽，而且突然间还把新的野兽引进我们这儿来。孩子们从小黑河（俄国著名诗人普希金那次致命的决斗就在小黑河的一处树林进行的）跑来，说见到了一种从来没听说过的野兽。有一对这样的野兽住到了森林中的小河上，它们在河岸的地里给自己挖了土壕，顶上堆起了土堆，硬得很，还很难挖穿呢，土壕的出口在水下。它们在那里繁殖自己的小兽，现在全家都跟着它们一起干活儿。它们在森林里锯树，用自己的牙齿把小原木啃断，把它背在身上拖到小河里，再筑坝把河水截断。你看，完全是一个个工程师！它们的长相像胖胖的狗儿，皮毛是棕色的，尾巴是光皮的，宽宽的像把铲子。它们用尾巴拍水的时候，一俄里外都能听见！

　　"这时，老爷爷沉不住气了。

　　"'怎么，孩子们，'他说道，'你们在对我讲故事，是吗？你们认为我年老昏聩了？你们以为一个胸无点墨的老头儿不知道这些野兽在戈罗赫沙皇的时候我们这儿就有了，那还是弗拉基米尔·莫诺马赫大公打土耳其人、打野猪和沿河捉河狸的时候。河狸在我们的

森林里早就灭绝了。你们什么意思，想叫我相信有人把河狸引到了我们这儿，就像你们这只远东狗？'

"老爷爷不知道河狸在我国没有被彻底地消灭，在当代以前，在不同地方还存留了总数不少于1000只的河狸。革命（指1917年的俄国十月革命）以后，我们让它们在自然保护区繁殖并分散到50个州和边疆区生活。

"我在普罗尔瓦湖发现的麝鼠——一种大型北美水䶄，在我国，首次放归自然是在1929年。现在它几乎在我们全国各地以不可思议的速度自行迁居和繁殖，自1937年起就被列入了国家的皮毛收购计划，提供在全国范围内占百分之四十的皮毛。猎人们吃它的肉，赞不绝口。

"另一种美洲居民河狸鼠——大型啮齿动物，生活方式和麝鼠相似，也是两栖，是从南美洲来到我国的，现在在我国的亚热带地区生活。河狸鼠皮上长长扎人的硬毛要拔掉，我们这儿通常称这样的毛皮为'猴皮'（这在俄语里是个专门用语，指拔去针毛的河狸鼠皮）。近来，我们顺利地把河狸鼠的生活区向北推进——已经到达雅罗斯拉夫尔、鄂木斯克和库尔干三个州。

"样子可笑的小树熊浣熊，很像我们的乌苏里狗，顺利地习惯了在我们高加索北部和吉尔吉斯州南部的生活。如果你在林子里发现个头儿不大、灰棕色怪模怪样的、毛茸茸的动物抓住一只老鼠，但不马上吃它，而是先走到河边，把猎物好生在清水里洗涤一番，然后吃完早餐，爬上树，钻进那里的树洞去睡觉，那我告诉你们，这就是真正的美洲浣熊，或按它的另一名称叫'洗熊'（即指'浣熊'，为显差异将第二个译为'洗熊'），因为它总是在餐前把肉食放到水中漂洗。

"你们在最近几年的一些僻静小河边、旧河床里会遇见一种可笑的小兽，它长着一对小小的眼睛，一个中间扁平的尾巴和很灵活的长鼻子。看到这只长鼻兽一左一右地挥动着自己长长的鼻子，迫不及待地吃着蜗牛和水蛭，你会捧腹大笑。这种小兽也几乎被人消灭了，不过我们及时地拯救了它们最后的子孙——现在我们正在做着让它们复兴的工作，它的名字叫麝鼹，这是一种大型水生鼩鼱，它的毛皮像海狗皮。

"克里米亚以往从来就没有松鼠，可是那里核桃林、松果林应有尽有。于是我们捕捉了西伯利亚的松鼠，把它们迁移到那里——如今它们在那里重新生活，吃着核桃、针叶树的种子、橡子、野生浆果和蘑菇，过得很舒坦。

"在古代，西伯利亚没有灰兔。可如今——请便！不仅在西西伯利亚，而且在东西伯利亚，在克拉斯诺亚尔斯克、克麦罗沃、伊尔库茨克三个州，尽管打猎吧！现在那里有一道时兴菜——烤兔肉，正卖得红红火火！

"不过别老想着吃的和穿的，还得留意一下悦目的东西"。

"别说了，沃夫克！"他的朋友拉打断了他的话，"这方面我来说。"

"你们以往见过梅花鹿吗？在我国远东地区就有。它全身都渗透着美！眼睛就像拉斐尔画上的圣母眼睛，耳朵像鲜花，细细的圆腿，全身的皮毛布满了太阳光点似的花斑，公鹿的头顶还外加了一对精美的骨质枝形叉角！你说是不是奇迹？

"所以，这在遥远的海滨几乎要灭绝的奇迹被迁移到了我们的自然保护区，在那儿不仅禁止对它猎杀，而且还要保护它免遭主要天敌狼的攻击。不久前，它又被运到莫斯科近郊的森林和公园里。就是因为美！于是它们就到处生活、繁殖。太棒了，不是吗？"

哥伦布俱乐部的全体成员都赞成她的话：太棒了。所以他们开始考虑，等自己高校毕业，成为科学家的时候，还应该迁移哪些兽类，如人们常说的那样，在我国对它们进行驯化。

安德设想，从科曼多尔群岛（位于白令海附近，有白令岛、梅德内岛和其他岛屿）迁移一种很优良的兽类——海獭，堪察加海獭，或者说得确切一点儿就是海里的水獭。全球只剩下几十头海獭，在洛帕特卡角（位于堪察加半岛西南端）和梅德内岛。海獭以海胆为食，而后者在白海应有尽有。愿它们从海里把身子探出来，直到腰部，照看着自己吃奶的孩子，把它们捧在两个前爪上抛着哄吧。

女孩子们一致决定在我们草原上繁育美丽的瞪羚，女画家西还发誓要培育适应我国气候的长颈鹿。

科尔克一声不响，出神地想着一件事。当别人喊他时，他怔了一下，蹦出一句话来：

"我要到南极去，把企鹅从那里弄到我们的北极地区生活。"

他那突如其来的发言引得哄堂大笑。

"可你知道企鹅属于鸟类。我们谈的是兽类。"

科尔克涨得满脸通红，一肚子不高兴，不假思索地说：

"是鸟类又怎么啦！它比所有兽类都好呢。既不飞，幼鸟又都长着绒毛。为什么不能在咱们北冰洋繁育企鹅？说不定它们会习惯这里的生活！该考虑考虑鸟类的事，开始驯化它们了。"

少年哥伦布们赞同他的意见，认为是该考虑了，而且十分应该尝试把企鹅迁移到我们北冰洋的某些岛上来。

会议到此结束。

附录　答案

附录1 射靶答案：检查你的答案是否中靶

竞赛七

1. 自9月21日起。

2. 兔子。晚生的兔崽因此被称为"秋兔"（即指"落叶兔"）。

3. 花楸、山杨、枫树。

4. 并非都是如此。有些离开我们这儿向东飞（飞越乌拉尔山脉），如小鸣禽嘟嘟鸟、朱雀、瓣蹼鹬。

5. "枝形角兽"一词源自上头有权的"粗木杆子"一词，老驼鹿的角与此相似，所以这么称呼。

6. 兔子和狍子。

7. 公黑琴鸡。这两句话在俄语中的发音是模仿公黑琴鸡的叫声的。它们在春秋两季求偶时发出类似唠叨的叫声。

8. 生活在地面上的鸟类善于行走，因此脚趾分得很开。这样的鸟儿行走时两脚按次序行动，故脚印落在同一条线上。生活在树上的鸟类的脚善于在树枝上停栖，故脚趾收紧。这样的鸟儿不行走，而是双脚同时跳跃，脚印是成双的。

9. 对着鸟儿飞走的方向打更准，追上鸟儿的霰弹能打进羽毛里。正对鸟儿飞来方向射击时，霰弹可能从紧密的羽毛上滑过，而伤不了它。

10. 这表明森林里的这个地方有动物尸体或受伤的动物。

11. 因为明年母鸟将在森林内同一地方孵育小鸟。射猎母鸟就是灭绝野禽。

12. 蝙蝠。它长长的脚趾连着皮膜。

13. 随着初寒的降临，它们中大部分都死去了。有一些钻进了树木、篱笆、房屋的缝隙中，或树皮下面，就在那里越冬。

14. 面向日落方向，即西方，对着晚霞能较清楚地看见飞经的野鸭。

15. 当猎人射它没命中时。

16. 秋播作物。现在播种，明年收获。

17. 毛脚燕。

18. 树叶。

19. 雨。

20. 狼。

21. 田鼠。

22. 白蘑。

23. 夏天——冰淇淋；秋季——核桃。

24. 稻草人。

竞赛八

1. 向山上跑。兔子的前腿短后腿长，所以兔子向山上跑更方便。在陡直的山坡下山时，它会头朝下翻筋斗滚下来。

2. 在落尽叶子的树上可以看见夏季隐藏得很好的鸟巢。

3. 松鼠。它把蘑菇搬到树上，插到树枝上，冬季没有食物时就找这些蘑菇吃。

4. 水䶄。

5. 很少。猫头鹰为自己收集死鼠藏在树洞内，松鸦收集橡实、核桃。

6. 把所有通往蚁穴的进出口堵住，自己聚成一堆。

7. 空气。

8. 黄色或棕红色的——接近发黄的植物（灌木、树木、草）的颜色。

9. 秋季，因为秋季鸟儿长得很肥，厚厚的脂肪层和紧密的羽毛能保护它免受霰弹的打击。

10. 蝴蝶的（通过放大镜看到的）。

11. 昆虫有六只脚。蜘蛛有八只脚，所以不是昆虫。

12. 沉到水底，钻进石头下、泥坑、淤泥或苔藓下，它们还经常钻进地窖里。

13. 每一种鸟儿的脚都和它的生活条件相适应。第一种是在地面生活的鸟儿，它的脚适合在地面行走：脚趾长长的，张得很开，脚跗比较高。第二种是在树上生活的鸟儿，它的脚适合于在树枝上停栖：脚趾彼此靠得近，弯曲而且有握力，腿也较短。第三种是生活在水中的鸟儿，它的脚适合洄水，起到桨的作用：鸭子的脚趾用皮膜连成一片，凤头鸊鷉（pìtī）的脚趾上有硬皮片，帮助它划水。

14. 是鼹鼠的脚。它的爪子适合掘土，就如鱼鳍适合划水一样。

15. 猫头鹰竖起的双耳就是两撮羽毛。它的耳朵在这两撮毛下面。

16. 从树上落下的叶子。

17. 河水或水面上的泡沫。

18. （葎）草。

19. 地平线。

20. 未满四岁。

21. 鹅，鸭子。

22. 亚麻。

23. 公鸡。

24. 鱼。

竞赛九

1. 在河流和湖泊沿岸的洞穴里。

2. 对鸟类来说，饥饿更可怕。比如野鸭、天鹅、海鸥，如果有食物，如果有的地方水面仍然不结冰，它们常常留在我们这儿度过整个冬季。

3. 比较晚。

4. "啄木鸟的打铁铺"是人们对树木和树桩的称呼，啄木鸟把球果塞进那里的缝隙，以便用喙啄开它。在这样的"打铁铺"下方的地面上，往往有整整一堆被啄木鸟啄碎的球果。

5. 北极白猫头鹰。

6. 兔子从自己的足迹上跳往旁边。

7. 在花园和小树林里，在树上，从傍晚开始便有大群大群的鸟儿飞集到这里。

8. 当最后的湖泊、池塘和河流都封冻时。

9. 在秋季和冬季啄木鸟常加入山雀、旋木鸟、鸭的群体。

10. 野兽的爪子从雪地里拔出时，从雪窝里带出少量的雪，再用爪子抹平。这些用爪子抹过的线条就叫"爪迹"。

11. 不一样。白天在阳光下猫的瞳孔小，到夜晚瞳孔放得很大。

12. 兔子在雪地里来回走过两遍的足迹。

13. 雪地里兔子的足迹。

14. 白鼬。

15. 从食肉兽大而明显突出的犬齿更容易认出它的颌骨。食肉兽的犬齿是它用来撕咬肉的。食草动物的牙齿是用来扯断和磨碎植物的，虽然犬齿不突出，但是食草动物有强劲的门牙。

16. 风。

17. 狗趴下睡觉，两眼炯炯有光，放开四腿飞奔。

18. 盐。

19. 喜鹊。

20. 带枪的猎人背着沉重的猎物。

21. 公牛。

22. 猪。

23. 黄瓜。

24. 核桃。

附录2　公告："火眼金睛"称号竞赛答案

竞赛（六）

图1.野鸭光顾了这个池塘。注意沾着露水的苔草间和覆盖水面的浮萍上的条纹。这是野鸭在苔草间游荡并游向池塘时留下的痕迹。

图2.这个留下十字形脚印和小圆点儿的动物是鹬。

图3.一只个头儿不高的野兽啃光了离地面较近的那段山杨树皮。这是兔子干的。但兔子不可能啃食另一棵树上这么高位置的树皮，因为它够不到。这里应该是个头儿很高的野兽吃的，应该是驼鹿。它还折断并吃了一部分山杨树的细枝。

图4.这是狐狸的杰作。狐狸捕获刺猬后把它弄死并从没有刺保护的腹部开始把它吃了，因此剩下了刺猬上面部分的整张皮。

竞赛（七）

图1.a）这是交嘴鸟的杰作。它们把身子挂在树枝上，摘下球果，从中啄出几颗种子，就把它扔了。

b）地上的松鼠捡起了交嘴鸟抛弃而没有吃干净的球果。它跳上一个树墩，吃光球果的果实，它吃过后球果就只剩蒂头了。

c）林鼠加工榛子时，在上面用牙齿啃出一个小孔，再吃里面的果肉。松鼠则把外壳都啃去再吃果肉。

d）松鼠在小树枝上晾蘑菇。它将蘑菇晾干是有先见之明的，当饥饿的季节来临时，它就有了在树上储备的食物。

图2.这里劳动的是啄木鸟。犹如医生在给病人听诊，啄木鸟叩击着遭受有害甲虫的幼虫侵害的树木。它围着树干跳跃着移动位置，在上面叩击，用自己坚硬带棱角的喙在上面留下一圈小孔。

图3. 刺实植物的头状花序是红额金翅雀很喜欢吃的。

图4. 熊曾经在这里操劳过。它用自己的脚爪撕下一条条云杉树皮，然后拖进自己的洞里做褥子用，使自己整个冬季睡得软和些。

图5. 这里是驼鹿当家做主的地方。它在这儿已经站了很久，你看地面被践踏成什么样儿了。这儿四周有吃的，它会掀翻一棵小山杨、赤杨或花楸树，作为自己的美餐。在大部分树上它啃食的是新鲜细枝的梢头，而被它吃掉的还没有被它折断的多。

竞赛（八）

图1. 追踪雪兔的是一条狗。兔子的足迹是大步跳跃式的，向着这行足迹从斜刺里冲过来的是狗的足迹。

图2. 这间板棚的屋顶上夜间停过一只灰林鸮。它停着，守候着。会不会有小家鼠或大老鼠走来？它久久地蹲着，踩着脚步，转动身子四下张望，所以就留下了星形的足迹。

图3. 黑琴鸡在这儿的雪下面过夜。它们在雪下的宿夜地留下了痕迹和羽毛，从里面飞出时就在雪地里形成了一个个小圆窝。

图4. 没发生任何特别的事，就是驼鹿在这儿待过。它正值把角甩掉的时节，所以它就在一个地方不停地踏步，用双角在树枝上摩擦。终于一只角被掰了下来，卡在了树杈上。春天到来前，驼鹿会长出一对新角。

附录3　基塔·维里坎诺夫讲述的故事答案

在篝火边

关于加拉加兹鸭说得半对半错。那里确实有这么大的野鸭——克里米亚把鸱鹠叫作"加拉加兹"，它在狐狸洞里孵小鸭。至于说它把这些猛兽杀死吃掉，那自然是无稽之谈！叶甫赛依爷爷最先看到的是狼吃剩的残渣。狼在狐狸洞口追上了狐狸，就把它撕碎吃了，而老人却认定是鸭子吃了它。这点占一分。

伊凡爷爷丝毫没有添油加醋，一切都如他所说。这个叫维坚卡的男孩儿用枪声把我们这儿最小的鸟儿——戴菊鸟吓昏了。他乒的一枪，它就跟死去一样了。后来又高高兴兴了，还能怎么样呢！这点占两分。

发生在熊身上的事也是常有的。就是人这样突然受惊也是极其有害的。也就是说，这里受惊的不是人，而是熊。不过，不能这么吓唬人。他的心脏也会和野兽的一样爆裂的。这点也占两分。

白山鹑……这种情况确实使人想到了闵希豪生男爵。他用枪通条当子弹向山鹑开了一枪，结果打死了大概十只鸟儿。但是，如果想到当时一窝山鹑是这么紧紧地挨在一起，如果再考虑到伊凡爷爷打的是霰弹，而霰弹枪一次装药量是一百多颗，那么他这一枪的结果就一点儿也不奇怪了。这种情况完全可能。这一点占两分。

苍鹰身上发生的事是确实的。枪打中了苍鹰的背部，当它被打死掉下来以后，伊凡爷爷才发现自己一下子猎获了猛禽和它的猎物。这点占两分。

少校打野鸡反而打到了丛林猫这件事也不奇怪。你得看清往哪儿开枪，要不偶尔也会打死人。这点也占两分。

伊凡爷爷的追踪犬的事，千真万确。事情很简单，猎狗在追踪野兽时就是有视力也看不见——它用鼻子寻找踪迹。老猎犬失去了视力，但依然保持着自己出色的嗅觉。它凭嗅觉知道前方是什么，所以不会撞到树木和树墩，它凭嗅觉还能追踪兔子。这点占两分。

至于追踪犬对写着野禽名称的纸张做出伺伏动作，就没什么可解释了，弥天大谎。竟然说狗能识字！这点占两分。

最后伊凡爷爷正好在意想不到的地方犯了错，亲爱的读者，你们也许同样会在那样的地方赚不到分。

伊凡爷爷说叮人的蚊子"成双成对"。可你们知道吗，它们压根儿不是成双成对地出现，只有"蚊子女士"才叮人。

吸血的只是雌蚊。它们不吸够了血，就生不了孩子——产卵。而雌蚊的"男伴"，也就是雄蚊，谁也不碰，它们吃花的汁水。这点占两分。

这是其一。其二，伊凡爷爷说："苍蝇感到自己日子不多了，所以变得那么坏，比蚊子咬得还凶。"许多人这样认为，说苍蝇临死前开始叮人。事实上，这完全是指的另一些蝇类。那些是普通的家蝇，颜色黑黑的，而这里说的叮人的苍蝇，是灰色的，吸针是直的。只要稍稍留意观察，就一下子能将它们分辨清楚。这点也占两分。

积累与运用

相关名言链接

秋天，无论在什么地方的秋天，总是好的。

——郁达夫

秋天，一年中最美的季节。

——奥维德

大自然的每一个领域都是美妙绝伦的。

——亚里士多德

一切艺术、宗教都不过是自然的附属物。

——亚里士多德

我不是不爱人类，而是更爱大自然。

——拜伦

我的人生哲学是工作，我要揭示大自然的奥妙，为人类造福。

——爱迪生

动物档案

◎动物一

名字：驼鹿

习性：小群生活，多在早晚活动

形象：好斗

相关故事情景再现：在晚霞升起的时候，森林里传出了低沉而短促的吼声。从密林里走出两头林中巨兽——硕大无朋、头上长角的公驼鹿。它们用仿佛发自肺腑的低吼向对手挑战。

◎动物二
名字：星鸦

习性：日常储备粮食

形象：勤劳

相关故事情景再现：冬季里星鸦宿无定所，从一处转到另一处，从一个森林转到另一个森林。迁移过程中它们就使用这些贮备的食物。

◎动物三
名字：隼

习性：多为白天活动

形象：凶狠坚毅

相关故事情景再现：仿佛牧人的一根长鞭随着一声呼啸划过长空，游隼在一只飞到空中的针尾鸭的背部上方飞掠而过，用它那弯曲得像小刀似的后趾利爪划破了鸭子的脊背。

◎动物四
名字：獾

习性：群居动物，擅长挖洞

形象：爱干净

相关故事情景再现：獾不做这样的事，也不捕食母鸡和兔子。它有洁癖，自己吃剩的残渣或别的脏东西从来不丢弃在洞里或洞边。

⋮ 秋日趣事

◎星鸦之谜
星鸦多以松子为食，在冬季之前，它们会尽可能地储藏食物，这让它们荣获了"存储狂人"的美誉。等到冬季来临，它们会从藏宝模式切换成寻宝模式，它们的脑袋虽然不大，但却可以记住5000到20 000个藏宝地，这是因为它们在存储食物时会注意周边的一些标志，记住这些标志为它们日后寻宝节省了不少事。正是因为这种"特异功能"和它们日常的辛勤劳作，所以它们在冬季不至于忍饥挨饿。

◎预感天气

在阅读中我们看到，熊是可以预感天气的，其实不只是熊，许多动物都有这项"特异功能"，它们也不只可以预感天气，还能预感到一些自然现象。这是因为一些动物的器官感知要灵敏于我们人类，对外界的变化更敏感。就像小狗的嗅觉很强，它们甚至用它们的长处帮助我们做了许多很了不起的事。而人类在这方面的研究还在继续，这也是探索自然的一部分。

◎迁徙之谜

在所有鸟类当中，只有候鸟是迁徙的，迁徙是它们生存的本能反应。首先是为了合适的温度和食物，其次是为了寻找配偶、养育后代，最后就是为了躲避天敌、以求生机。大多数候鸟在春秋季迁徙时的方向是南北走向的，也有少许是东西走向的，这些是受途中的植被、地形、天气等因素的影响。从鸟类的迁徙行为中，我们已经研究出了一些有利于人类文明的技术，这说明探究自然是有益于人类发展的。

读后感例文

《森林报·秋》读后感

马冠宇

我很喜欢秋季，它不像夏天的炎热，不像冬天的寒冷，它温柔安静，让人感到舒适。并且，在这个秋高气爽的季节里，果树、庄稼都成熟了，一切都沉浸在喜悦当中。这是我眼中的秋季。而在维·比安基的《森林报·秋》中我看到了秋季的另一番景象：它充满生机，又有点神秘，和谐之中又透露出杀机。这样充满野性的自然是让人向往的，就像自由是我们永恒追求的话题。

通过阅读维·比安基的《森林报·秋》，我认识了许多有趣的动物和植物。维·比安基给它们赋予了生命，让它们真正成了一方之主。在这本书中，有许多可爱的动植物，像候鸟辞乡月中"生性乐观"的母鸡，"变傻"的黑琴鸡；像仓满粮足月中的"活纪念碑"，"地下格斗"的达克斯狗；像冬季客至月中的耍"花招"的兔子，认真负责的啄木鸟……其中我最喜欢的是那只叫"魔法师"的小喜鹊，它竟能听懂有人在叫它，我甚至想要拥有这样一只聪明可爱的伙伴来陪伴我一起成长。

书中让我印象最深刻的是"我们出了什么主意"中的植树造林。而在我的生活中，虽常常能看到树木，但却很少能看到森林。我一直都很想去见一见真正的森林，抱一抱森林中那些上了岁数的古树，那感觉一定很棒！

随着书页合拢，秋天的故事结束了。可四季更迭，我们还将迎来更多的秋季。

刚刚认识的朋友们即将踏上未来的旅程，我很庆幸能与它们一同见证森林美好、田野广袤，虫鸟迁徙、走兽沉寂，这是一场令人怀念的冒险之旅。我相信在今后的日子里，我们还会有更多的奇遇……

阅读思考记录表——科普类
评价你阅读的书籍，锻炼表达、归纳、总结、理解能力

书名	作者	阅读日期

最喜欢的动物	最喜欢的动物遇到了什么事
用四个词语描述这种动物	如果你能成为森林里的一只小动物，你想成为什么？如果遇到了困难，你会怎么做

概括书中你最喜欢的一个故事	在本书中你学到了哪些有趣的知识	书中有哪些知识能在你的日常生活中应用到	想深入了解的知识

给本书写一句推荐语

畅想一下你最喜欢的动物在冬天会有哪些奇遇

中小学生阅读指导丛书

中小学生阅读指导丛书

彩插励志版